LA BOTTELEUSE

A HAUTE DENSITE

MACHINE

A COMPRIMER LES FOURRAGES

ET

LES MATIÈRES ENCOMBRANTES ÉLASTIQUES

TOURS

IMPRIMERIE ALFRED MAME ET FILS

—

1878

LA BOTTELEUSE

A HAUTE DENSITÉ

LA BOTTELEUSE

A HAUTE DENSITÉ

MACHINE

A COMPRIMER LES FOURRAGES

ET

LES MATIÈRES ENCOMBRANTES ÉLASTIQUES

TOURS

IMPRIMERIE ALFRED MAME ET FILS

—

1878

LE BOTTELEUR

Un botteleur de profession qui prend le foin à la meule et confectionne les liens, produit au maximum en 10 heures, 180 bottes de foin du poids de 5 kilogrammes.

LA BOTTELEUSE

La botteleuse, servie par 5 ouvriers, donne en 10 heures 5.000 bottes de fourrage du poids de 5 kilog., soit 1.000 bottes par ouvrier.

Par le fait seul qu'elle exécute ce rationnement, la botteleuse produit, en outre, le travail présenté ci-dessous par comparaison.

L'ATELIER MILITAIRE DE PRESSAGE DES FOINS, A ALGER	LA BOTTELEUSE
Moteur. . . . . . Machine de la force de 12 chevaux-vapeur.	Moteur. . . . . . Un manœuvre qui tourne la manivelle.
Main - d'œuvre. . . — 62 ouvriers.	Main - d'œuvre. . . — 5 ouvriers.
Produit . . . . . En 10 heures, 15 tonnes de foin en 75 balles de 200 kilogrammes.	Produit . . . . . En 10 heures, 25 tonnes en 500 balles de 50 kilogrammes.
Poids au mètre cube. — 260 kilog.	Poids au mètre cube. — 300 kilog.
Prix de l'outillage sans compter les bâtiments. 72.000 francs.	Prix de l'outillage. . — 3.000 francs.

Tours, le 1er février 1878.

MAXIME LAHAUSSOIS

SOMMAIRE

I

L'industrie de la **compression des fourrages** et des matières
encombrantes. — **Vices inhérents aux procédés univer-**
sellement en usage.

Défaut de méthode. — La compression des fourrages et des
matières encombrantes a pour objet d'en diminuer le volume et de
produire par là des avantages considérables au point de vue du transport, de l'emmagasinage et de la conservation de ces matières.

Cette industrie, à laquelle sont appliquées des machines de
cent systèmes différents, s'exerce cependant au fond universellement
de la même manière.

Voulant obtenir, par exemple, sous des cercles ou sous une
enveloppe d'un genre quelconque, une balle de foin, de laine ou
d'alfa du poids de 50 kilog., d'une densité de 200 kilog. au mètre
cube [1], on procède ainsi qu'il suit :

Dans le coffre de la presse, on amasse successivement et par
fractions les 50 kilog. de foin, de laine ou d'alfa, et, afin de réduire
déjà le volume de cette masse, on fait fouler chacune de ces fractions
par la plus petite des forces dont on dispose en industrie, c'est-à-dire
par les mains ou les pieds de l'homme.

---

[1] Dans le langage de l'industrie de la compression des fourrages, et pour éviter la
confusion entre le poids de la balle et son poids au mètre cube, on traduit la densité en
kilogrammes, et au lieu de dire que la densité d'une balle est 0,2 ou 0,3, on dit qu'elle
est de 200 kilog. ou de 300 kilog. au mètre cube. Nous conserverons ce langage conventionnel.

Lorsque, par ces efforts successifs, on a fait entrer dans le coffre de la presse les 50 kilog. de foin, de laine ou d'alfa, objets de l'opération, on soumet alors cette masse totale à une pression suffisante pour l'amener à la densité de 200 kilog. au mètre cube.

Dans certains systèmes, afin de diminuer encore davantage la course de la vis ou du piston de la presse qui doit fonctionner sur la masse totale, on soumet certaines fractions de la balle à une pression préliminaire autre que celle du poids de l'homme.

C'est ainsi que dans le pressage des foins exécuté par les ateliers militaires de Vincennes, d'Alger et de Bône [1], le foin, foulé d'abord par les pieds d'un ouvrier dans une caisse à claire-voie, est soumis ensuite à la pression de chaînes enroulées autour d'un treuil. C'est après cette diminution préalable de volume que le foin est transvasé dans le coffre d'une presse hydraulique dont la puissance de pression va jusqu'à 600.000 kilog. [2].

C'est ainsi encore que, dans certains systèmes de pressage anglais, la masse qui doit composer la balle est foulée par moitié dans deux caisses distinctes; chacune de ces moitiés reçoit, après le foulage par les pieds de l'homme, la pression d'une presse hydraulique de faible force. Les deux moitiés de la balle sont alors réunies et forment un bloc sur lequel on applique le piston d'une puissante presse du genre de celles de nos ateliers militaires.

En Amérique, des pilons bourrent directement la matière à comprimer dans le coffre d'une presse hydraulique, dont le sommier à coulisse est mis en place après le bourrage préparatoire.

La caractéristique des procédés universellement en usage dans l'industrie de la compression des matières encombrantes est donc celle-ci :

1° Introduire par fractions dans une caisse, un coffre ou une enveloppe, le nombre de kilogrammes de matière qui doit composer la balle qu'on se propose d'obtenir; procéder à cette opération en employant, sur chaque fraction, une force relativement faible et toujours inférieure à celle dont on usera en dernier lieu (c'est la phase dite préparatoire).

2° Appliquer sur la masse totale ainsi préparée la force la plus

1 *Journal militaire* : volumes spéciaux au service des subsistances , t. I. p. 879 et suivantes.

2 *Ibid.,* t. II, p. 1115.

grande possible; c'est-à-dire celle dont on dispose, suivant l'appareil employé (c'est la phase dite définitive).

Cette méthode, qui paraît d'abord si rationnelle, est, en réalité, déraisonnable au premier chef, puisqu'elle consiste à agir mollement sur de petits obstacles, et très-énergiquement sur une grosse somme de ces petits obstacles soigneusement accumulés.

RÉSULTATS DU DÉFAUT DE MÉTHODE. — Or le défaut de méthode a toujours en mécanique des résultats immédiats.

Deux expériences qui se complètent l'une par l'autre permettent d'apprécier les conséquences de l'accumulation de grandes masses de matières élastiques dans le coffre des presses.

Première expérience. — Une charge de foin de 100 à 200 kilog. est introduite dans le coffre d'une presse; on insère dans cette charge, vers les ¾ de sa hauteur, comptés à partir du plateau presseur, un « rond » formé au moyen de quelques poignées de foin; et l'on place au centre de ce rond un verre de montre.

L'appareil, quel qu'il soit, donnât-il une pression de 800.000 kilog., ayant fonctionné, on retrouvera dans la balle de foin le verre de montre intact.

A défaut d'une grande presse, on prend une caisse dont le fond mesure $0^m,50 \times 0^m,50$, et les parois verticales : $0^m,40$ de hauteur. On place sur le fond même de la caisse un œuf de poule, on entoure l'œuf d'une poignée de foin légèrement tordue ou simplement serrée dans les mains, et l'on remplit ensuite la caisse au moyen de 5 kilog. de foin. Sur le foin on établit un plateau, et l'on charge ce plateau de 300 kilog. L'œuf n'est pas atteint par la pression et demeure intact.

Ces expériences qui semblent originales et piquantes sont cependant répétées chaque année dans tous les pressoirs à vin. Pour peu qu'un pressoir, quelle que soit sa puissance, agisse sur une épaisse couche de marc, on retrouvera au milieu de la « motte » des grains de raisin entiers. C'est pourquoi les vignerons avisés procèdent par pressions sur des couches minces, sauf à faire plusieurs opérations au lieu d'une[1].

Deuxième expérience. — Lorsque la balle de foin a subi dans le coffre d'une presse un commencement de pression, on ouvre un des

[1] Les matières oléagineuses, soumises en couches épaisses à des pressions de 1.100.000 kilog., abandonnent encore 10 % d'huile si on les soumet à l'action d'un gaz qui agit par déplacement.

volets de ce coffre, on tond la face de la balle qui se présente, et on en divise la hauteur en tranches égales au moyen de fiches enfoncées dans le foin. On fait alors donner la pression, et l'on voit les fiches se comporter comme les spires d'un ressort à boudin que l'on comprime par l'une de ses extrémités.

L'opération terminée, l'intervalle entre chaque fiche donne la hauteur de chaque couche de foin. La hauteur étant connue, on a la densité, et l'on peut constater ainsi que les différentes couches ont des densités de moins en moins grandes, à mesure qu'elles sont plus éloignées du plateau [1].

Pour fixer les idées, tandis que dans le coffre des presses des ateliers de Vincennes, qui donnent au dernier moment une pression de 49 kilog. par centimètre carré, les couches voisines du sommier conservent une densité peu éloignée de celle qu'elles ont au début de l'opération, les couches tangentes au plateau presseur atteignent une densité de plus de 900 kilog. au mètre cube (voir annexe B, la table des pressions), et, compensation faite, la densité moyenne de la balle n'est que de 300 kilog. au mètre cube.

Ainsi la plus grande partie du travail dans les presses est produite en pure perte.

Mais cet inconvénient mécanique en entraîne un autre beaucoup plus grave, en ce sens qu'il limite singulièrement la portée de l'industrie.

On comprime les fourrages principalement en vue d'en faciliter le transport et l'emmagasinage. C'est donc sur le pré même que devrait être opérée la compression. Or, dès que le foin a achevé sa fermentation, dès qu'il est parfaitement propre à être emmeulé, on peut, sans le moindre danger, lorsqu'on le traite par très-petits échantillons, lui donner la densité de 300 kilog. au mètre cube, parce qu'il suffit pour cela d'une pression inférieure à 2 kilog. par centimètre carré. Mais si on le traite par masses de 60, 100, 150 kilog., la pression par centimètre carré nécessaire pour obtenir ce résultat s'élève à 8, 10, 15, 40 et 50 kilog. Si donc l'opération est menée rondement, les couches voisines du plateau presseur

[1] La courbe des densités des différentes couches n'est autre que la courbe de l'élasticité du foin, courbe que l'on trouvera établie à l'annexe A.

Suivant que l'on comprime des quantités plus ou moins considérables, la courbe des densités des différentes couches reproduit tel ou tel arc de cette courbe.

subissent d'énormes frottements, s'échauffent et laissent échapper à l'état de buée l'eau de végétation. Les balles fabriquées dans ces circonstances se gâtent infailliblement, et c'est ainsi que se sont établis la règle de ne comprimer les foins que plusieurs mois après la récolte. et l'aphorisme : *On ne peut pas comprimer les foins sur le pré.*

Quant à la paille, on conçoit facilement que des pressions de 8, 10, 20, 40 kilog. par centimètre carré la réduisent en poussière, et il est admis qu'*on ne peut pas comprimer utilement la paille.* Au contraire, une pression inférieure à 2 kilog. par centimètre carré suffit pour donner à de petits échantillons de paille une densité supérieure à 300 kilog. au mètre cube, et la maltraite beaucoup moins que le « battage en bout ».

L'Outil. — On sait que l'équilibre d'une machine quelconque, de quelque genre qu'elle soit, est soumis à une loi invariable qui a pour formule : $P \times V = R \times v$.

> P étant la puissance,
> V sa vitesse;
> R la résistance,
> v sa vitesse.

L'important dans une industrie mécanique est donc de trouver l'outil dans lequel, pour une besogne donnée, R est aussi petit que possible. Or ici, on est demeuré invinciblement attaché à la presse. outil dans lequel R est aussi grand que possible. En effet, dans une presse quelconque, hydraulique ou non, à un plateau ou à deux plateaux, actionnée par un levier, une vis, un engrenage, une crémaillère, par tout ce que l'on voudra, $R = Q$ (la pression entière) $+ Q \times f$ (f étant le coefficient de frottement). En langage ordinaire. le moteur d'une presse a sur les bras toute la pression, plus autant de fois le frottement qu'il y a d'intermédiaires entre sa main et le plateau presseur.

Dans l'industrie qui nous occupe, la résistance de l'outil est donc une résistance maxima.

Ainsi, et pour nous résumer, l'emballage des matières encombrantes, tel qu'il est universellement pratiqué, repose sur un renversement de méthode qui a pour conséquence de stériliser la plus grande partie du travail produit, et il s'exécute au moyen d'appareils qui rendent ce travail maximum.

C'est plus qu'il n'en faut pour expliquer l'état microscopique d'une industrie qui devrait, au contraire, être immense, puisqu'elle s'applique aux besoins impérieux des armées, de l'agriculture, de l'industrie et du commerce.

En fait, aucune presse à bras ne peut donner commercialement au foin le poids de 170 kilog. au mètre cube exigé par le cahier des charges de la guerre; et les presses hydrauliques de nos ateliers militaires sont les seules qui puissent lui donner un poids sensiblement supérieur à 200 kilog., condition nécessaire pour charger à plein les plates-formes de nos chemins de fer.

II

Découverte de la Botteleuse [1]

La méthode et ses résultats. — En mécanique, comme en art militaire, on n'obtient de grands succès que par la méthode qui consiste à diviser les forces ennemies, à tomber sur le détachement que l'on rencontre et à l'écraser de son mieux.

En mécanique, et tout au moins dans le cas particulier, l'art est facile, parce que nous sommes maîtres de diviser le foin autant que nous le voulons. La première question à résoudre était donc celle-ci : Quel est le plus petit échantillon qu'il convient de traiter? Où commence l'avantage, où finit-il, et quel est-il exactement?

Nous avons fait porter nos premières expériences sur des charges de 6 kilog., qui représentent la double ration de nos chevaux de cavalerie et présentent, en outre, l'avantage d'être un peu supérieures au poids de la botte de 5 kilog., presque partout en usage.

On trouvera établi à l'annexe A, par une courbe et par des tables de pression, le travail nécessaire pour donner à une charge de 6 kilog. une densité quelconque.

Possédant ce point de départ certain, nous avons cherché ensuite à établir quelles sont les variations de ce travail, suivant que l'on augmente ou que l'on diminue l'échantillon traité.

---

[1] Parmi les matières encombrantes qu'il est très-important de comprimer au point de vue militaire, agricole et commercial, le foin tient le premier rang. C'est donc du foin que nous nous sommes occupé tout d'abord. C'est d'ailleurs la matière la plus revêche et la plus difficile à traiter. Pour cette raison, nous nous en tiendrons à l'exposé des expériences sur le foin.

Nous résumerons ici cette seconde série d'expériences par un exemple facile à suivre sur la courbe de l'annexe A.

On presse 174 kilog. de foin jusqu'à la densité de 300 kilog. au mètre cube, et l'on représente, par l'ordonnée O de la courbe, la pression par centimètre carré observée au dernier moment. On recommence l'opération sur 168 kilog. (174-6), et la pression par centimètre carré est précisément égale à l'ordonnée 1. La 3e opération, exécutée sur une charge de 162 kilog. (168-6), donne une pression par centimètre carré égale à l'ordonnée 2. A la 29e opération, on n'a plus à presser que 6 kilog., et la pression par centimètre carré est égale à l'ordonnée 28.

On a d'abord beaucoup de peine à se rendre à l'évidence lorsque l'on pratique ces expériences. On ne s'explique pas bien comment 6 kilog. enlevés sur une charge de 174 kilog. donnent une si grande diminution de travail, tandis qu'il y a si peu de différence entre le travail nécessaire pour traiter 12 kilog. et celui qui est nécessaire pour en traiter la moitié. Mais on ne tarde pas à s'apercevoir que ces expériences ne sont, sous une forme différente, que la répétition de l'expérience des fiches. Les 6 kilog. enlevés à chaque opération ne sont, en effet, que la couche tangente au sommier, qui est d'autant moins pressée et d'autant plus importante dans le volume, que la charge traitée est plus considérable; d'autant mieux pressée, au contraire, et d'autant moins importante dans le volume, que la charge traitée est plus faible.

Poussant donc plus loin l'opération, on traite successivement 4 kilog., 3 kilog., 2 kilog., 1 kilog., et les pressions par centimètre carré donnent des ordonnées comprises entre la 28e et la 29e; ce qui revient à dire qu'en pratique, vu les frottements de l'appareil et la grossièreté de la matière traitée, on ne peut saisir aucune différence appréciable entre les travaux nécessaires pour comprimer à un même degré ces différents échantillons.

La conclusion générale à tirer de ces faits, c'est donc qu'il y a un avantage visible à comprimer des quantités de plus en plus faibles; que cet avantage, extrêmement considérable entre 200 kilog. et 50 kilog., diminue, tout en restant appréciable, de 50 kilog. à 6 kilog.. et devient nul en pratique si l'on abandonne l'échantillon de 6 kilog. pour traiter des échantillons d'un poids inférieur.

Tout de suite et pour n'y plus revenir, ajoutons qu'il suit de cette démonstration que les tables de pressions des annexes A et B peuvent être appliquées sans erreur sensible à tous les échantillons de 10 kilog. à 1 kilog. En conséquence, toutes les fois que dans un appareil un échantillon de cette importance aura, en un moment quelconque, une densité connue, les tables des annexes A et B donneront, sans erreur appréciable, la pression par centimètre carré. Inversement, toutes les fois que dans un appareil on constate une pression par centimètre carré quelconque, on peut être certain que la densité de la couche de foin tangente au plateau, et jusqu'à concurrence de l'épaisseur formée par 6 ou 10 kilog. de matière, est précisément celle qui est indiquée dans les tables des annexes A et B en regard de la pression constatée.

Pour fixer les idées, à Vincennes on comprime 250 kilog. de foin dans le coffre d'une presse dont le plateau mesure 1ᵐ,35 × 0ᵐ,90. soit 12,150 centimètres carrés. Au dernier moment la balle a une densité de 300 kilog. au mètre cube, et la pression totale est estimée alors à 600,00 kilog., soit 49ᵏ,380 par centimètre carré.

En se reportant à la table de l'annexe B, qui n'est que la continuation de la table de l'annexe A, on trouve que la densité correspondante à la pression de 49ᵏ,380 dépasse 900 kilog. au mètre cube; et telle est, en effet, la densité de la couche de foin tangente au plateau.

L'OUTIL. — Parvenu à ce point de nos travaux, nous étions donc en possession de réponses très-précises aux premières questions rencontrées, et cette réponse n'avait au premier abord rien de bien engageant.

En effet, voici ce qui ressort de l'exemple que nous venons de citer, et qui est en pratique le plus avantageux que l'on puisse prendre. Tandis que la compression de 250 kilog., amenés d'un seul coup à la densité de 300 kilog. au mètre cube, exige une pression de 49ᵏ,380 par centimètre carré, la compression d'un échantillon de 6 kilog. au même degré ne demande qu'une pression de 1ᵏ,796 par centimètre carré. Mais l'échantillon de 6 kilog. est la 42ᵉ partie de 250 kilog., et la pression de 1ᵏ,796 est plus que la 42ᵉ partie de 49ᵏ,380; il en résulte que si l'on traitait des échantillons de 6 kilog. dans l'appareil de Vincennes, c'est-à-dire sur la même surface que les 250 kilog., on augmenterait le travail au lieu de le diminuer.

3

Une presse disposée pour la compression de petits échantillons devrait donc, avant tout, être pourvue d'un coffre à très-petite section, et par conséquent peu propre à l'introduction rapide des charges. On peut, à la vérité, imaginer la presse servie par un mécanisme de compression préparatoire ou, si l'on veut, de calibrage; mais alors même que ce mécanisme serait véritablement pratique, le plus grand succès que l'on pût obtenir d'une machine de ce genre serait de diminuer de trois à quatre fois le travail des presses actuelles.

Cette entreprise, avantageuse pour un constructeur désireux de se placer en tête de ses concurrents, n'avait rien qui pût nous tenter. Les résultats, dans cette voie, ne valaient pour nous ni le temps, ni les peines, ni l'argent que nous aurions dépensés pour les obtenir.

Poursuivant donc le cours logique de nos travaux, nous eûmes l'idée de rechercher, après l'échantillon pour lequel la pression est minima, l'outil compresseur dans lequel la surface de pression est aussi petite qu'on le désire.

De là une série nouvelle de questions qui se formulent comme il suit :

Existe-t-il un outil dont le propre soit de produire des pressions au besoin linéaires?

Si oui, et attendu que le travail sur les petits échantillons doit être très-rapide; attendu qu'il n'y a rien d'aussi rapide que le travail continu, l'outil cherché donne-t-il en même temps des pressions continues?

Enfin la résistance de cet outil est-elle, toutes proportions gardées et comparée à celle de la presse, une résistance maxima ou minima?

Or il existe un outil qui, à première vue, répond absolument aux deux premières questions : c'est le laminoir, qui a porté au dernier degré de perfection et de bon marché les industries qui ont réussi à le substituer à la presse ou au marteau.

Restait à savoir, pour nous qui ne connaissions rien de la mécanique lorsque nous avons pris la résolution de créer la botteleuse, restait à savoir, disons-nous, quelle est la résistance du laminoir au travail. Leçons prises, nous sûmes que cette résistance n'est autre que la résistance à la traction doublée, par suite de l'égalité de l'action à la réaction sur les deux cylindres.

Or la formule de la résistance à la traction est $R = Q \times f \times \dfrac{d}{D}$.

Q étant la pression,

f le coefficient de frottement,

d le diamètre de l'essieu, ou tourillon.

D le diamètre des cylindres.

On voit donc que le moteur d'un laminoir est d'abord débarrassé de Q, la pression entière qui accable son voisin appliqué à une presse; et que, de plus, la résistance 2 $(Q \times f)$, la seule qu'il ait à vaincre, est divisée par le nombre toujours important qui représente le rapport $\dfrac{d}{D}$.

En langage ordinaire, une industrie qui repose sur l'action de la presse en est encore au transport à dos de mulet par des chemins escarpés; celle qui repose sur l'action du laminoir jouit des transports sur voie ferrée horizontale.

Telle est la découverte théorique.

On trouvera rapportées à l'annexe C les expériences de cylindrage et de laminage du foin que nous avons répétées sous toutes les formes. Elles nous ont démontré la tenue parfaite des charges de fourrages, qui ne s'allongent ni ne s'élargissent sous les pressions des cylindres, et supportent, sans la moindre altération hygrométrique ou autre, les plus énergiques pressions successives.

Le problème fondamental ainsi pratiquement résolu, restaient à résoudre trois problèmes annexes de la plus haute difficulté :

1° Entraîner entre des cylindres des charges de foin sensiblement de même poids et de même longueur;

2° Faire que ces charges se succèdent le plus rapidement possible dans l'appareil;

3° Réunir ces charges comprimées en nombre quelconque, et former de chaque collection une balle sortant de la machine toute cerclée.

Le récit des recherches et des expériences qui nous ont donné la clef de ces problèmes, imparfaitement résolus, au point de vue commercial, par l'appareil de laboratoire décrit à l'appui de nos brevets, serait sans intérêt.

On trouvera exposées au chapitre suivant et justifiées à l'annexe C les solutions pratiques de ces difficultés.

III

§ 1. — Description de la machine.

(Planches 1 et 2.)

La machine pèse de 800 à 1.000 kilog.; elle est établie sur chariot, et constitue, par conséquent, une machine essentiellement locomobile.

Sa plus grande hauteur est de $2^m,17$; sa plus grande longueur est de $2^m,78$; sa plus grande largeur est de $1^m,60$.

Elle se compose de quatre organes principaux :

La trémie (A) reçoit les charges de fourrage qui y sont jetées à la fourche, les calibre et les pousse dans le second organe ;

Le presseur (B) effectue la compression ;

Le collecteur (D) réunit les charges comprimées en un nombre quelconque, de 2 à 10 ;

Le récepteur (C) reçoit la force motrice et la distribue aux différents organes.

La trémie.

(Planches 1, 2 et 3.)

La trémie (A) est un appareil en tôle rivée sur cornières ou sur cadres. Elle se compose d'un coffre rectangulaire à ciel ouvert, qui mesure 1 mètre de long, $0^m,48$ de large, et $0^m,40$ de hauteur.

La paroi de ce coffre, adossée à la machine, se prolonge en

hauteur (planche 1), et forme un panneau de 1 mètre carré de surface, qui répond à un double objet. Les ouvriers qui jettent le foin dans la trémie sont secondés et guidés par ce panneau; en même temps, la machine est protégée contre les jets qui dépasseraient le but.

Ce coffre présente les particularités suivantes : les panneaux (z, z) des petits côtés (planche 2 et planche 3, fig. 1) sont articulés à l'extrémité de deux leviers (a, a), et peuvent être rapprochés l'un de l'autre jusqu'à ce que l'intervalle qui les sépare soit réduit à 0^m,50. Pendant ce trajet, ils sont maintenus dans une position parallèle à l'axe longitudinal de la machine, soit au moyen de guides, soit au moyen d'un dispositif complémentaire des leviers et analogue au parallélogramme de Watt.

Le panneau (y) qui forme la partie centrale du grand côté extérieur, et qui mesure 0^m,48 de large, est fixé sur un chariot (fig. 2) qui glisse de chaque côté de la machine sur les guides (v, v), et à l'arrière sur un galet.

Ce chariot a une course de 0^m,59, nécessaire et suffisante pour amener le panneau (y) dans l'axe des poulies des chaînes, et lui faire ainsi accomplir complétement son rôle de *pousseur*.

Le grand panneau présente dans sa partie inférieure et centrale une baie de 0^m,50 de large sur 0^m,45 de hauteur. Cette baie, pendant la charge de la trémie, est fermée par les volets (v) (fig. 2).

Sur l'extrémité inférieure des pivots de ces volets sont calés des leviers à coulisses; dans ces coulisses sont engagés deux appendices du chariot du pousseur.

Il résulte de ce dispositif que le pousseur ne peut fonctionner sans ouvrir les volets et, par conséquent, le chemin à la charge qu'il pousse.

Le fonctionnement de la trémie découle de cette description. Lorsque le coffre est rempli de foin, les panneaux (z, z), marchant l'un vers l'autre, réduisent la longueur de la charge de 1 mètre à 0^m,50, et demeurent en place. Le pousseur (y), mis alors en mouvement, pousse la charge hors de la trémie, et revient ensuite comme les panneaux calibreurs à sa position de départ.

La trémie est alors reformée et peut être chargée de nouveau.

Le presseur.

Le presseur se compose de deux cylindres verticaux (o, o) présentant des gorges dentées dans lesquelles s'enroulent des chaînes sans fin du système Gall.

Les chaînes sont tendues à l'autre extrémité du presseur sur des poulies dentées (p, p, p).

Un cylindre (t) fou sur son axe, lequel est situé dans le plan des axes des poulies, calibre en hauteur les charges qui entrent dans le presseur.

Enfin un plafond (u) et un plancher (u') en tôle (planche 1) empêchent les charges entraînées par les chaînes de ballotter dans le sens vertical.

L'écartement des chaînes à l'entrée du presseur est égal à la largeur des charges qui sortent de la trémie. L'écartement des cylindres varie suivant la densité que l'on veut obtenir.

Les chaînes commandées par les cylindres saisissent la charge à mesure qu'elle se présente et l'entraînent entre les cylindres en en diminuant progressivement l'épaisseur. Les cylindres saisissent à leur tour la charge et la poussent dans le couloir (w), où elle demeure jusqu'à l'opération suivante.

Lors de cette seconde opération, le pousseur (y') (planche 3, fig. 2), fixé sur le même chariot que le pousseur (y) de la trémie, et qui a, par conséquent, une course de $0^m,59$, parcourt 9 centimètres librement, bute alors dans la charge qui occupe le couloir, et la pousse dans le tiroir du collecteur. Lorsqu'il est ramené par le chariot à la position de départ, il bute en sens inverse dans la nouvelle charge poussée par les cylindres, plie sur un ressort et se redresse lorsqu'il l'a dépassée. (Voir, annexe C, les expériences du laminage et du couloir.)

Le collecteur.

Le collecteur se compose de quatre pièces principales. La première pièce est le tiroir en prolongement du couloir.

Entrée dans ce tiroir, la charge y est retenue, à droite, par une paroi fixe (P) (planche 4, fig. 1); à gauche, par une paroi mobile formée d'une plaque de tôle (j) de 0ᵐ,005 d'épaisseur.

Cette plaque est encastrée, par sa partie inférieure, entre deux armatures de tôle ou de fonte (b, b'). L'une des armatures (b) est coudée à angle droit et forme le fond du tiroir; l'autre armature (b') porte deux prolongements (c) (planche 5, fig. 2) qui la relient à l'appareil élévatoire figuré dans cette planche, et qui fonctionne entre des guides (g'. g').

La seconde pièce du collecteur est la herse (planche 5, fig. 1). La herse, en y comprenant les intervalles qui séparent ses dents ou lames, forme un bloc égal en volume à la charge de foin comprimée. Reliée par son talon à un appareil élévatoire qui fonctionne entre les guides (g, g'), elle se meut verticalement dans le même plan que le tiroir.

La troisième pièce est le fouleur (G) (planche 4, fig. 1). Le fouleur est une sorte de peigne dont les dents présentent des intervalles égaux à la largeur des dents de la herse, et dont la longueur dans le sens horizontal est légèrement supérieure à l'épaisseur de ces mêmes dents dans le même sens. En d'autres termes, la herse présentée convenablement s'imbrique dans les dents du fouleur.

Le fouleur se meut horizontalement sur quatre guides; il fait vis-à-vis à la quatrième pièce, le fond mobile, comme la herse fait vis-à-vis au tiroir dans le sens vertical.

Le fond mobile (planche 4, fig. 1) est un plateau vertical fixé perpendiculairement à une vis, et guidé en outre par trois oreilles qui glissent sur le bâti dont elles épousent la forme.

La vis tourne dans un écrou, sur lequel pèse un frein qui se règle au moyen d'un contre-poids.

Les quatre organes sont manœuvrés par la machine de la manière suivante. (Planche 4, fig. 1 et 2.)

Première opération : Le tiroir étant rempli par une charge s'élève. Lorsque la plaque (j) aborde la herse, celle-ci entre en mouvement et s'élève avec la même vitesse que ladite plaque. Le mouvement d'ascension terminé, le tiroir redescend et laisse la charge entre le fouleur et le fond mobile.

Le fouleur fonctionne alors: il s'avance sur le fond mobile et accomplit une course égale à l'épaisseur de la charge, augmentée de l'épaisseur de la plaque (j) du tiroir qui a laissé un vide. Le fond mobile recule juste de la même quantité, et la première charge est ainsi entrée dans le réceptacle formé du fond mobile et d'un plancher à bascule (F).

Le fouleur demeurant en place, la herse redescend à sa position de la fig. 1 en imbriquant ses lames entre celles du fouleur; après quoi le fouleur recule et reprend sa position première.

Deuxième opération et suivantes : Pendant ce temps, le tiroir a été rempli de nouveau. Il s'élève; la face extérieure de sa plaque se meut dans le prolongement même de la face de la herse tangente à la charge déjà emmagasinée, et le mouvement s'achève, comme la première fois, sans que le foin emmagasiné entre en contact avec le nouveau venu avant le retrait du tiroir. Ainsi de suite.

Remarques. Ce dispositif capital repose sur ce fait d'expérience que le foin fortement comprimé ne donne pas de renflements sensibles entre les dents d'une grille qu'on appuie dessus et dont les intervalles ne dépassent pas la largeur de $0^m,02$. Au surplus, les lames du fouleur et de la herse peuvent toutes les deux n'avoir qu'une largeur de $0^m,005$ si on le désire.

Ce dispositif suppose de plus que le fond mobile ne cède qu'à la pression du fouleur et non à la réaction des charges emmagasinées, et c'est pour cette raison que l'écrou de la vis supporte la pression d'un frein. Disons, dès maintenant, que la puissance de réaction de 9 charges est, au maximum, de 90 kilog., et que, pour équilibrer cette poussée, il suffit d'une pression de 10 kilog. sur l'écrou.

Le cerclage.

Pendant que les charges sont juxtaposées dans le réceptacle, l'ouvrier chargé du collecteur, usant de cercles de fil de fer préparés d'avance, et qui se ferment au moyen d'une agrafe d'un genre quelconque, les pose ainsi qu'il va être dit.

Le fouleur se compose de trois morceaux reliés entre eux par des anses, ponts ou arceaux. (Planche 4, différentes fig.) Entre les trois morceaux qui composent le fouleur, on a ménagé deux fentes horizontales de $0^m,005$ de hauteur, de sorte qu'un fil de fer d'un diamètre moindre que 0ᵐ005 passé dans une anse, et tiré du côté du foin, pénètre nécessairement dans la fente.

Le fond mobile est de même en trois morceaux et présente, dans sa hauteur, deux fentes longitudinales symétriques de celles du fouleur.

Enfin, entre les guides et la plaque du tiroir, de même qu'entre les guides et la herse, il y a un intervalle (voir planche 1) de 0ᵐ05. Rien n'est donc plus aisé que de passer un fil de fer dans les tubulures du fond mobile (largeur 0ᵐ50), d'en reprendre l'extrémité lorsqu'elle en est sortie, de la ramener dans les arceaux du fouleur et d'agrafer le cercle.

Pour empêcher les cercles de sortir du fouleur et de venir gêner la manœuvre de l'insertion des charges (planche 4, fig. 6), le fouleur porte sur chaque joue, et en travers des fentes, deux targettes reliées par une pièce en fer à cheval. Ces deux dernières pièces sont articulées sur un levier à fourche (T) dont l'extrémité opposée se termine par un plan incliné.

Lorsque le fouleur fonctionne pour la dixième fois, les oreilles supérieures du fond mobile butent sur ce plan incliné, font basculer le levier et soulèvent les targettes, qui laissent le chemin libre aux fils de fer.

Agissant au moyen d'un dispositif analogue par sa partie inférieure, le fond mobile déclanche le plancher à bascule, et la charge tombe sur le sol par l'arrière de la machine.

Mécanisme du rationnement.

(Planche 5, figures 3 et 4.)

Des charges de foin comprimées distinctement, et juxtaposées sous les mêmes cercles, ne se mélangent que très-incomplètement. Avec un peu de soin, on peut les retrouver et les séparer. Cependant il faut du soin, et la compression par charges distinctes ne suffirait pas, à elle seule, à faire disparaître l'un des graves inconvénients des fourrages comprimés. On a donné au fourrage une façon coûteuse, et lorsqu'il démolit une balle, le consommateur se trouve en présence d'un amas de foin non rationné, qui doit dès lors subir l'opération du bottelage ou être immédiatement distribué à un grand nombre de chevaux.

On fait disparaître cet inconvénient au moyen d'un dispositif très-simple et qui n'entraîne qu'une dépense très-minime.

Entre la face inférieure du fouleur et la face supérieure de la paroi fixe du tiroir, on a laissé subsister un intervalle de 0^m,01.

Dans cet intervalle, on fait jouer une aiguille qui prend successivement deux positions perpendiculaires l'une à l'autre.

Cette aiguille est calée sur un pivot à ressort dont l'action tend constamment à la ramener dans la position de la fig. 4. L'aiguille présente en outre, à l'action d'une roue à cames, un talon qui, actionné par ces cames, lui fait prendre, par intervalles, la position de la figure 3. Enfin, la roue à quatre cames est mise en mouvement par un cliquet (c) qui agit successivement sur huit crans. Chaque fois que le fouleur agit, un levier calé sur le pivot du levier du fouleur fait fonctionner ce cliquet, qui pousse un cran de la roue à cames.

Puisqu'il y a huit crans et seulement quatre cames, l'aiguille, pendant que le tiroir élève les charges impaires, par exemple, prendra la position de la fig. 3, et elle aura la position de la fig. 4 pendant que le tiroir élève les charges paires.

Si l'on suppose maintenant une ficelle partant d'une bobine, passée par l'extrémité de l'aiguille et attachée à la partie inférieure du fond mobile, on voit que les charges impaires prendront de la ficelle et que les charges paires n'en prendront pas.

La ficelle étant coupée après la neuvième opération, les dix charges se trouveront séparées par une ficelle repliée autour d'elles en forme de grecque, et qui, tirée par l'une de ses extrémités lors de la distribution, fera verser les charges impaires à droite, les charges paires à gauche, ou inversement.

Le récepteur.

(Planches 1, 2 et 3.)

La marche de la machine comporte deux sortes de mouvements : un mouvement circulaire continu, et des mouvements alternatifs intermittents. (Voir. annexe D, le tableau n° 1.)

Le mouvement circulaire continu est celui des cylindres et des poulies des chaînes. Le pignon d'angle (r), calé sur l'arbre du volant, commande l'engrenage des cylindres, et les cylindres commandent les poulies au moyen des chaînes Gall.

Les mouvements alternatifs intermittents étaient plus difficiles à obtenir, car la mécanique est très-pauvre lorsqu'on lui demande de produire ce genre de travail avec quelque simplicité.

Voici le parti que nous avons tiré de la plus maigre des ressources.

Lorsque l'on veut obtenir des mouvements alternatifs continus, on emploie quelquefois un cadre dont les longues faces portent des crémaillères. On fait tourner dans ce cadre une demi-circonférence dentée, et le cadre est alors poussé alternativement en avant et en arrière. « Ce dispositif a, dit le général Morin (*Cours de cinématique*), le grave inconvénient de produire des chocs, par la raison que la dent du secteur, qui attaque la crémaillère, bute sur une pièce animée d'une certaine force vive et qu'il s'agit de ramener en sens inverse de sa course. »

Il est donc clair que les cadres à double crémaillère conviendront à des mouvements alternatifs intermittents, puisque, dans ce cas, la dent du secteur attaque une pièce au repos. Il est entendu, d'ailleurs, que la vitesse du secteur sera toujours faible. (Dans la machine, elle est de $0^m,075$ pour l'opération en 10".)

Mais le cadre à double crémaillère, mû par un secteur moindre que la demi-circonférence, ne peut donner que des intermittences régulières. Or la marche de la machine exige des intermittences irrégulières, et nous avons dû nous ingénier de nouveau.

Appliquant aux cadres à crémaillères le principe des cames à rainure, nous avons donné à nos cadres une hauteur double de celle qui conviendrait dans le cas d'intermittences régulières, et nous les avons pourvus, savoir : les faces droites, par exemple, de crémaillères occupant la moitié supérieure de la face; les faces gauches, de crémaillères occupant la moitié inférieure de la face.

A chacune de ces deux crémaillères répond un secteur distinct, ou, si l'on veut, chaque cadre est actionné par deux secteurs agissant dans des plans différents. Suivant la position respective de ces deux secteurs sur la circonférence, les mouvements alternatifs du cadre sont plus ou moins rapprochés ou plus ou moins éloignés; et suivant le développement de ces secteurs, la course du cadre est plus ou moins grande.

Ayant donc besoin de trois cadres pour mouvoir sept pièces, nous les avons placés (planche I,) les uns au‑dessus des autres, en les séparant par des guides dans lesquels ils glissent comme des tiroirs, et nous avons fait tourner dans cet ensemble un cylindre C (planche 5, fig. 6) qui porte les secteurs.

Ce cylindre est calé sur l'arbre d'une roue dentée, et cette roue dentée est commandée par le pignon r' (planche 1) calculé de manière à faire exécuter au cylindre un tour par opération.

On a ainsi des organes mus avec une régularité parfaite, et le modèle du cylindre et des cadres une fois établi, le plus médiocre monteur ne peut manquer la marche de la machine.

Toutefois il est indispensable qu'un cadre arrivé, d'un côté ou de l'autre, à fond de course, ne puisse être ramené en avant ou en arrière par le défaut d'équilibre des pièces qu'il actionne. On obtient ce résultat par le dispositif d'enclanchement représenté planche 5. fig. 7, et dans la fig. 6.

Dans l'axe transversal des cadres et sur toute la hauteur de l'appareil qu'ils forment, règne un contre-fort (d) sur lequel sont fixés des ressorts qui portent à leur extrémité libre des pênes d'enclanche-ment. Ces ressorts sont mis en mouvement par des dents isolées faisant saillie sur le cylindre à secteurs. Ces dents précèdent chaque secteur et, poussant le bouton du ressort au moment même où le secteur va agir, elles rendent la liberté de mouvement au cadre, qui s'enclanche à nouveau après avoir effectué sa course.

Les cadres portent des bras (o, o) auxquels sont attachés les leviers destinés à actionner les différentes pièces.

Les planches 1 et 2 sont assez claires pour que nous n'insistions pas sur la description des leviers.

Remarque. On voit par ce qui précède que, pris un à un, les différents problèmes qui constituent le fonctionnement de la machine sont résolus pratiquement, quelques‑uns même brillamment. Il n'en est pas précisément de même de la construction proprement dite, du moins telle qu'elle est représentée dans les planches 1 et 2. Ces planches sont, en effet, le premier jet de l'assemblage des différents organes. Elles ont pour objet de poser clairement les problèmes de la construction, plutôt que de les résoudre. Mais partant de cette ébauche, et pendant que l'autographe la reproduisait, nous avons eu le loisir de serrer de près à son tour la construction de la machine : et nous avons réussi à réduire de plus des deux tiers le nombre des articulations, renvois, supports et boulons qui s'étalent à l'aise dans ces planches.

§ 2. — Fonctionnement de la machine.

Dès que la manivelle est mise en mouvement, la machine exécute dix temps qui se succèdent et se répètent dans le même ordre. (Voir, annexe D, le tableau n° 1.) L'exécution de ces dix temps constitue une opération.

La trémie étant chargée, le premier travail qui s'opère (col. 2) est le calibrage de la charge par suite du rapprochement des panneaux calibreurs ; cette action s'exécute en un temps. Les panneaux demeurent en place jusqu'à ce que la charge qu'ils ont comprimée ait été poussée en dehors de la trémie, et reviennent ensuite prendre la position primitive.

La charge étant calibrée, le pousseur (col. 3) agit sur la charge. la fait glisser entre les calibreurs et l'introduit entre les chaînes en la faisant passer sous le rouleau (t) qui en règle la hauteur.

Ce travail emploie 2 temps $\frac{36}{100}$; le temps étant calculé sur une course de $0^m 25$. A la fin de son opération le pousseur de la trémie se trouve dans l'axe des poulies des chaînes et y demeure pendant $\frac{64}{100}$ de temps. Après quoi il revient à son point de départ, employant pour ce retour le même temps que pour l'aller.

La charge marche donc (col. 4, 5 et 6) dans les chaînes avec une vitesse de $0^m 25$, suivant l'axe ; mais les chaînes étant obliques sur cet axe, si leur vitesse était seulement de $0^m 25$ par temps, elles feraient, dans une certaine limite, obstacle à la marche de la charge. et le pousseur serait obligé de bourrer. On a évité cet inconvénient en donnant aux chaînes et aux cylindres une vitesse de $0^m 2583$ par temps. La charge ne rencontre donc aucun obstacle dans sa marche ; mais, sortie de la trémie avec une longueur de $0^m 48$, elle prend. par suite de l'action des chaînes, une longueur de $0^m 496$ en passant entre les cylindres. Poussée par les cylindres dans le couloir, elle y demeure jusqu'à l'opération suivante, dont le premier fait est le chargement à nouveau de la trémie.

Cette opération (col. 12) ne peut être exécutée qu'à partir de l'instant où la trémie est reformée, c'est-à-dire après le retour en place du pousseur. La machine donne donc aux ouvriers 6 temps $\frac{36}{100}$ pour prendre et peser la charge au bout de la fourche, et 3 temps $\frac{64}{100}$ pour l'insérer dans la trémie. (Voir, annexe C, l'expérimentation de la trémie.)

Cette seconde charge est, comme la première, engagée dans les chaînes par le pousseur de la trémie (y); mais cette fois le pousseur du couloir (y'), au moment d'y pénétrer, bute dans la charge qui y a été logée par la première opération, et la fait passer du couloir dans le tiroir. (Col. 7.)

Dès que le tiroir est rempli, il s'élève (col. 8), insère la charge dans le collecteur, et reprend sa position première. Son mouvement d'ascension dure 2 temps et $\frac{86}{100}$; il demeure en place pendant les $\frac{64}{100}$ d'un temps, et revient prendre sa position première.

La herse (col. 9) exécute les mouvements indiqués au tableau; ils n'ont besoin d'aucune nouvelle explication.

Le tiroir ayant repris sa position en prolongement du couloir, le fouleur (col. 10) peut fonctionner. Actionné par le même cadre que les calibreurs, il foule pendant le premier temps et détermine l'entrée de la charge dans le réceptacle. (Col. 11.) Il demeure en place pendant que la herse vient s'imbriquer entre ses lames, et reprend pendant le quatrième temps sa position première.

Lorsque le fouleur fonctionne pour la dixième fois, et, par conséquent, lorsqu'il introduit la dixième charge dans le réceptacle, le fond mobile arrive à bout de course. Agissant à sa partie supérieure sur les leviers des joues du fouleur, il dégage les cercles de fil de fer, qui entrent en contact avec le foin. Agissant en même temps à sa partie inférieure, il déclanche le plancher à bascule, et la balle tombe sur le sol.

Tel est le fonctionnement de la machine. On conçoit que cette marche se prête à un grand nombre de combinaisons de mouvements; mais il n'y a guère d'hésitation possible qu'entre deux choix. La combinaison que nous venons d'exposer a l'inconvénient relatif d'accumuler sur certains temps une grosse part du travail (voir, an-

nexe D, les tableaux 2 et 3), et d'exiger d'assez grands efforts de
certaines pièces. Une autre combinaison, qui nécessite l'emploi de
quatre cadres à crémaillères, a l'avantage de rendre le travail à très-
peu de chose près uniforme, et de donner du côté du moteur des
leviers qui rendent extrêmement faibles les efforts à supporter par
les dents des secteurs et des crémaillères.

Le choix entre ces deux combinaisons est au nombre des questions à traiter avec le constructeur expérimenté que nous avons
choisi.

§ 3. — Organisation de l'atelier suivant le personnel dont on dispose. — Rendement. — Prix de revient.

On trouvera établis au § 4 les motifs qui commandent de s'en
tenir à la densité de 300 kilog. au mètre cube pour les fourrages.
Les ouvriers que nous allons mettre au travail sont donc employés
à comprimer du foin et à lui donner la densité de 300 kilog. au
mètre cube. A cet effet, ils procèdent par charges de 5 kilog. Ces
charges passent entre des cylindres écartés de 0^m,07; entrent ensuite
dans le couloir, dont la largeur est de 0^m,071; passent du couloir
dans le tiroir de même largeur; sont élevées par le tiroir et insérées
par lui, savoir: la première entre le fouleur et le fond mobile, les
suivantes entre le fouleur et leurs devancières déjà emmagasinées.
Lorsque le tiroir redescend et abandonne la charge qu'il a insérée,
la plaque qui forme sa paroi verticale laisse derrière elle un vide
égal à son épaisseur 0^m,005, vide que les charges de foin remplissent
immédiatement.

Chaque charge occupe donc dans le réceptacle une épaisseur de
0^m,076, et dix charges occupent une épaisseur de 0^m,76. Lorsque la
balle sera tombée sur le sol, elle renflera dans le sens de la pression,
et précisément dans le sens de cette épaisseur, de 0^m,07 (renflement
maximum des balles sorties des presses de nos ateliers militaires), et
ses dimensions seront : épaisseur ou longueur (0^m,76 + 0^m,07) = 0^m,83;
largeur 0^{m}50; hauteur 0^{m}40. Son volume sera de 166.000 centimètres
cubes, son poids de 50 kilog., et par conséquent sa densité de 0.301;

soit, suivant le langage conventionnel, de 301 kilog. au mètre cube. Ceci posé, organisons nos ateliers.

1° *Travail avec six ouvriers.*

C'est le travail en temps de récoltes.

La machine est approchée, la trémie à deux ou trois mètres de la meule.

Un premier ouvrier attaque la meule avec sa fourche et jette le foin à 1 mètre, 1 mètre 50 ou 2 mètres de lui, entre les deux ouvriers dont il sera parlé; sa fonction est de ne pas laisser ces derniers manquer de foin.

Deux autres ouvriers munis de fourches sont placés en avant de la trémie et un peu en dehors. Ils prennent chacun au bout de la fourche 2^k500 de foin et les jettent dans le coffre de la trémie. (Voir, annexe C, l'expérimentation de la trémie.) Leur fonction est de prendre des charges uniformes, autant que possible égales à 2^k500, et de répéter la manœuvre le plus fréquemment possible.

Un quatrième ouvrier tourne la manivelle; sa fonction est de la tourner avec une vitesse uniforme.

Le cinquième ouvrier sert le collecteur; il pose les cercles, manœuvre la ficelle et le fond mobile.

Le sixième ouvrier écarte les balles de la machine.

Une équipe neuve emploiera 12" au maximum pour une opération. Dès la seconde demi-journée elle n'emploiera plus que 7". Les fourcheurs pourraient aller plus vite; mais cette vitesse ne peut guère être dépassée par le manœuvre, dont elle représente la limite de puissance. (Voir § 5.)

Quoi qu'il en soit, si l'opération de la compression d'une charge du poids de 5 kilog. est exécutée en 12", le rendement est de 15 tonnes par dix heures. (C'est celui de l'atelier d'Alger; le travail du manœuvre moteur de la machine est inférieur à 5 kilogrammètres par 1".)

Si l'opération est exécutée en 9", le rendement est de 20 tonnes (chargement de deux wagons).

Si l'opération est exécutée en 7", le rendement est de 25 tonnes.

Étant donc donnée une équipe exercée, on en aura toujours pour le prix que nous allons y mettre, le prix de revient ressort ainsi qu'il suit :

Main-d'œuvre : 6 ouvriers à 5 francs. 30ᶠ00
Fil de fer : 1.000 cercles de 2ᵐ70 de long, soit 2.700 mèt.
   de fil de fer de 0ᵐ0024 de diamètre, à 61ᶠ50 les 100
   kilog. 58ᶠ12
Ficelle : 2.750 mètres de ficelle (fil à voile en deux brins)
   3ᶠ50 le kilog., et 120 mètres pour 100 gr.. soit 2ᵏ300.   8ᶠ05
               Dépense totale. 96ᶠ17

soit par tonne, en supposant les cercles perdus, 3ᶠ85; et par quintal métrique, 0ᶠ385.

Or on sait que le bottelage du foin coûte au minimum 0ᶠ60 le quintal métrique (les deux *petits quintaux*), plus le vin, dont les botteleurs ne se passent pas.

Voici, d'autre part, le prix de revient de l'emmeulage dans les services militaires.

« On a calculé que, comparativement au mode de conservation « sous abris, l'emmeulage à l'air libre occasionne une dépense sup- « plémentaire et sans compensation de 0ᶠ725 par quintal métrique « de denrée, soit par ration moyenne de 5 kilog. 0ᶠ036 (foin ou « paille): soit par cheval et par jour 0ᶠ072. Or l'armée possède en « temps de paix 90.000 chevaux, dont moitié environ sont nourris « par les entrepreneurs; les calculs portant dès lors sur 45.000 che- « vaux seulement, on voit que le système de l'emmeulage coûte à « l'État, par jour, une somme de 3.000 fr. environ, soit plus d'un « million de dépense inutile chaque année. » (Delaperrière, sous-intendant militaire, *Cours de législation et d'administration militaires*, appendice, page 189; Dumaine. Paris. 1875.)

2ᵉ *Travail avec trois ouvriers.*

Il est très-rare, en dehors des époques de récolte, que l'on ait à manœuvrer 25 tonnes de fourrage en un jour sur un même point.

Les préposés des commerçants en fourrage qui ont à expédier 10 tonnes par jour sont même encore très-clair-semés; et cela se conçoit, puisque 10 tonnes de foin représentent les rations journalières de 2.000 chevaux du commerce ou de 3.333 chevaux de cavalerie en temps de paix.

Il importe donc que la machine puisse être utilisée, à l'ordinaire, par le personnel permanent d'un préposé ou d'une petite exploitation.

On supposera qu'on a reçu chez un préposé une voiture de fourrage du poids de 1.500 kilog. Le foin a été jeté de la voiture par terre s'il fait beau, sous un hangar s'il pleut. La machine est approchée. Deux ouvriers prennent les fourches, le troisième prend la manivelle. Les fourcheurs se donnent la peine de compter et annoncent la dixième charge. Le manœuvre abandonne alors la manivelle et va réorganiser le collecteur. Il ramène le fond mobile en place. prépare la ficelle et place deux nouveaux cercles.

Pendant ce temps les fourcheurs ont disposé à leur main 50 kilog. de fourrage.

En supposant que cette préparation dure deux fois plus que la fabrication d'une balle, soit 2' 20", la voiture de foin sera rationnée, comprimée et cerclée en 1 heure 40'; et si les trois ouvriers sont fournis de foin, ils auront en 10 heures traité 9 tonnes de fourrage.

3° *Travail avec deux ouvriers.*

On peut encore utiliser la machine avec deux ouvriers. Il suffit pour cela d'avoir à sa disposition un manœuvre patient qui tourne la manivelle à la vitesse d'un tour en 6" environ et se contente d'un travail de 1 kilogrammètre ½ par seconde. La trémie demeurera alors ouverte pendant 12", et le second ouvrier aura tout le temps nécessaire pour y introduire deux charges de 2ᵏ500.

L'opération durera 40"; la fabrication d'une balle durera 400", soit 6' 40". Le manœuvre, quittant alors la manivelle, ira disposer à nouveau le collecteur, tandis que le fourcheur disposera de nouveau 50 kilog. de foin à sa main, à moins que tous deux ne préfèrent rapprocher la machine de la meule. En supposant que, chacun de leur côté, ils emploient 3' 20" à reprendre leur poste, on aura une balle toutes les dix minutes, 6 par heure, 600 en dix heures; en résumé, trois tonnes de fourrage comprimé.

C'est le rendement de l'atelier militaire de Vincennes, lorsque les ouvriers sont à la tâche. Cet atelier emploie 16 ouvriers, deux appareils de pressage préparatoire et deux presses hydrauliques de la plus grande puissance. Il produit normalement par heure une balle de 250 kilog. Densité : 0,250.

§ 4. — Les résistances.

LES RÉSISTANCES. — Les résistances de la machine, en ce qui concerne le travail des chaînes et des cylindres, varient suivant la densité que l'on veut donner au fourrage.

Sur le point de savoir à quelle densité il convient de s'arrêter, la discussion a des limites très-rapprochées.

La densité minima à chercher est celle qui permet les transports par chemin de fer et par navires au meilleur marché possible. Elle est donnée par cet élément commun aux deux modes de transport, à savoir que le tonneau de mer ou la tonne de chemin de fer calculés à l'encombrement comportent un poids de 350 kilog. pour un cube de 1^{m}44, soit 243 kilog. au mètre cube.

La densité maxima répond à la nécessité de comprimer les fourrages dès qu'ils sont propres à l'emmeulage en grandes masses, et, par conséquent, d'obtenir la réduction de volume cherchée au moyen d'une pression qui ne modifie pas l'état hygrométrique de la matière comprimée.

Les deux conditions qui viennent d'être exprimées sont remplies si l'on demande à la botteleuse de donner du foin dont le poids au mètre cube soit de 300 kilog.

Pour obtenir ce résultat, ainsi qu'il a été établi plus haut, il suffit, en effet, d'une pression de 2^{k}416 par centimètre carré, pression qui répond à la densité de 350 kilog. au mètre cube (voir la table de l'annexe A), cet état étant celui de la charge au moment où elle sort des cylindres. (On n'a pas oublié que, pour obtenir du foin à la densité de 300 kilog. au mètre cube dans le coffre de la presse, les presses hydrauliques de nos ateliers militaires donnent une pression de 49 kilog. par centimètre carré.)

Nous calculerons donc les résistances de la botteleuse montée pour donner des balles de fourrages dont la densité soit de 300 kilog. au mètre cube, ce qui suppose l'écartement des deux cylindres égal à 0m07. Les charges jetées dans la trémie sont de 5 kilog., et les balles formées de 10 charges pèsent 50 kilog.

Si l'on veut placer devant soi la courbe de l'annexe A, puis son prolongement (annexe B), et opérer le raccordement de ces deux éléments suivant l'ordonnée 28, on sera en présence de la courbe du travail de la machine dans les chaînes et entre les cylindres.

Avec cette différence, toutefois, que le travail des calibreurs dans la trémie répond au travail fait à la main dans les expériences de pression rapportées (annexe A), et constitue, par conséquent, un fait antérieur au travail représenté par la courbe.

La conception générale de la machine est donc celle-ci : faire exécuter : 1° par les calibreurs, c'est-à-dire par pression directe, le travail des mains de l'homme, travail insignifiant; 2° par les chaînes, le travail représenté par la partie de la courbe comprise entre les ordonnées 1 et 15, c'est-à-dire un travail facile; 3° par le laminoir, le travail représenté par la partie de la courbe comprise entre les ordonnées 15 et 53, c'est-à-dire le travail le plus pénible.

On remarquera en outre que le foin, dès qu'il sort de la trémie, est saisi par les chaînes, dont la pression, comme celle du laminoir, se fait uniquement sentir sur les essieux, et donne lieu, par conséquent, à un travail de traction pur et simple.

Travail des panneaux calibreurs.

Le travail des panneaux calibreurs consiste à réduire de 1 mètre à 0m50 la longueur de la charge de foin insérée dans la trémie. Chacun d'eux parcourt ainsi un chemin de 0m25. Au début, l'effort est 0. Lorsque les panneaux ont parcouru 10 centimètres, l'effort est de 3 kilog.; lorsqu'ils ont parcouru 15 centimètres, l'effort est de 5 kilog.; lorsqu'ils ont parcouru 20 centimètres, l'effort est de 8 kilog.; lorsqu'ils ont parcouru 25 centimètres, l'effort est de 12 kilog.

Le travail de chaque panneau est donc : $T = \left(\frac{0 + 3k.}{2}\right) \times 0^m 10$

$+ \left(\frac{3k. + 5k.}{2}\right) \times 0^m 05 + \left(\frac{5k. + 8k.}{2}\right) \times 0^m 05 + \left(\frac{8k. + 12k.}{2}\right) \times 0^m 05$

$= 0^{kgm} 15 + 0^{kgm} 20 + 0^{kgm} 375 + 0^{kgm} 50 = 1^{kgm} 225.$

Soit pour les deux panneaux : $2^{kgm} 450$.

Travail du pousseur.

Le pousseur fait glisser dans la trémie 5 kilog. de foin qui frottent de leur poids sur le fond. Cette charge, qui vient d'être comprimée par les panneaux calibreurs, réagit en outre de 6 kilog. en tout sur ces panneaux.

La résistance est donc celle du frottement de 11 kilog. de foin sur la tôle polie [1].

Le coefficient de ce frottement étant 0,15, et le chemin à parcourir entre les tôles étant 0^{m}59, le travail initial est T = 11 kilog. × 0,15 × 0^{m}59 = 0^{kgm}487. Mais ce travail va en diminuant dès qu'il est commencé, et décroît uniformément pendant toute sa durée.

Le travail consommé est, par conséquent . . . . 0^{kgm}244

En même temps, et, par son autre extrémité, le pousseur dégage du couloir la charge qui y a été insérée par l'opération précédente, et l'introduit dans le tiroir.

Cette charge réagit de 10 kilog. [2] sur chaque paroi; son poids est en outre de 5 kilog. Le travail est 25 kilog. × 0.15 × 0^{m}50 = 2^{kgm}630.   1^{kgm}875

Total pour le pousseur. . . . 2^{kgm}119

Travail des chaînes.

Pour calculer le travail des chaînes, on a supposé le presseur rempli de foin de l'axe des poulies des chaînes jusqu'aux génératrices des cylindres placées à 0^{m}13 en avant de l'axe des cylindres, lesquelles commencent à comprimer. On a, en outre, tenu compte de ce fait, que le foin arrivé aux cylindres fait dans les intervalles des chaînes une flèche de 2 centimètres de chaque côté.

On a divisé le coin ainsi supposé en huit tranches de 0^{m}10 de longueur suivant l'axe, et l'on a calculé la résistance de chaque tranche à la pression, ainsi qu'il sera fait ci-après pour le travail des cylindres.

---

[1] Voir (annexe C) l'étude sur le coefficient de frottement du foin.
[2] Voir (annexe C) l'étude sur la puissance de réaction du foin comprimé.

Combinant ensuite ces tranches par 2, par 3, par 4 ou par 5, suivant le moment considéré, on a établi le travail des chaînes pour douze moments, et obtenu par là le travail moyen pour un temps. Du travail moyen on a conclu au travail total, qui est de 5 kilogram-mètres.

Travail des cylindres.

Lorsque les cylindres travaillent à plein, la partie de la charge comprimée forme un coin qui a 0^m40 de haut, 0^m13 de large, et $\frac{0\,m.16+0\,m.07}{2}$ d'épaisseur. Le volume de ce coin est 5.980 centimètres cubes. Son poids est de 1.300 grammes, et sa densité moyenne de 167 kilog. La table des pressions indique pour cette densité une pression de 0^k596 par centimètre carré. La surface de pression est de 520 centimètres carrés. La pression totale est donc de 310 kilog.

Enfin l'action étant égale à la réaction, la résistance à la traction doit être calculée sur une pression de 620 kilog. Elle est dès lors :
$$R = \frac{620\,k. \times 0.\,10 \times 0\,m.\,03}{0\,m.\,40} = 4^k65.$$
La charge mesurant 0^m50 de long, le travail consommé est
$$T = 4^k65 \times 0^m50 = 2^{kgm}325. \quad \ldots \ldots \quad 2^{kgm}325$$
En intégrant la pression au moyen de la courbe et de la table des pressions, on arrive au même résultat.

D'autre part, la charge de foin est poussée par les cylindres dans le couloir. Elle réagit de 15 kilog. sur chaque paroi de ce tiroir lorsqu'elle y est entièrement logée. Cette résistance, qui est zéro au début, croît uniformément; elle est, par conséquent, en moyenne
$$R = \frac{30\,k. \times 0\,m.\,15}{2} = 2^k250.$$
La charge mesurant 0^m50 de long, le travail consommé est
$$T = 2^k250 \times 0^m50 = 1^{kgm}125. \quad \ldots \ldots \quad 1^{kgm}125$$

Total pour les cylindres. . . $3^{kgm}450$

Travail du tiroir.

Dès que le tiroir fonctionne, il élève verticalement 5 kilog. de foin. et il les élève à 0^m54.

De ce chef, le travail du tiroir est

5 kilog. × 0ᵐ51 = 2 ᵏᵍᵐ55. . . . .   2ᵏᵍᵐ55

Dès que l'extrémité supérieure de la plaque verticale du tiroir pénètre entre le fond mobile et le fouleur, elle subit le frottement des charges de foin emmagasinées dans le réceptacle. Ce frottement varie suivant le nombre des charges emmagasinées; il s'agit donc de déterminer le frottement moyen.

Lors de la première opération, le frottement est zéro, puisqu'il n'y a pas de charge emmagasinée. Lors de la dixième opération, 9 charges réagissent sur la plaque. La pression qu'elles exercent est de 90 kilog., se répartissant sur la plaque et sur la herse, qui se succèdent l'une à l'autre. Pour simplifier le calcul, nous attribuerons tout le travail à la plaque.

Le coefficient de frottement étant 0,15, le travail est

90 kilog. × 0,15 × 0ᵐ40 = 5 ᵏᵍᵐ400.

Soit donc pour l'opération moyenne

$$\frac{0\,k. + 5\,k.\,400}{2} = 2\,^{kgm}700.$$ 2ᵏᵍᵐ700

De plus, la charge de foin montée par le tiroir réagit de 10 kilog. pendant toute l'ascension, d'abord contre la paroi fixe du tiroir, ensuite sur la face interne du fouleur.

Ce frottement est uniforme; il exige un travail

T = 10 kilog. × 0.15 × 0ᵐ51 = 0 ᵏᵍᵐ765. . . .   0ᵏᵍᵐ765

Enfin la plaque, pendant qu'elle se dégage, subit d'un côté la réaction de la charge qu'elle vient d'insérer, de l'autre la réaction moyenne des charges emmagasinées calculées ci-dessus, soit 45 kilog. $\left(\frac{90}{2}\right)$.

La pression est ainsi de 55 kilog.

Le travail, s'il était uniforme, serait

T = 55 kilog. × 0,15 × 0ᵐ40 = 3 ᵏᵍᵐ300.

Mais ce travail décroît uniformément dès qu'il est commencé, et le travail consommé est, par conséquent.

$$\frac{3\,k.\,300}{2} = 1\,^{kgm}650.$$ 1ᵏᵍᵐ650

Total pour le travail du tiroir. .   7ᵏᵍᵐ665

Travail de la herse.

Le travail de l'ascension de la herse a été compris dans le travail du tiroir.

Le travail de descente est nul.

Travail du fouleur.

Le travail du fouleur consiste : 1° à forcer l'écrou de la vis du fond mobile à tourner; 2° à vaincre la réaction des charges emmagasinées, réaction qui se fait sentir sur sa face interne comme sur le fond mobile. Le frein de l'écrou est réglé une fois pour toutes de manière à équilibrer la réaction de 9 charges, soit 90 kilog., plus un excès de 5 kilog.; soit en tout 95 kilog.

Lorsqu'une charge a été insérée, elle réagit de 10 kilog. sur le fond mobile, qui, par conséquent, ne résiste plus que de 85 kilog.; mais elle réagit de 10 kilog. sur le fouleur, de sorte que la poussée à opérer par cet organe est toujours de 95 kilog. Mêmes faits et mêmes conséquences pour deux charges, et ainsi de suite.

Le travail du fouleur est donc uniforme; il consiste, pour chaque opération à pousser 95 kilog. à $0^m 075$; et il est égal, par conséquent, à $7^{kgm}125$. . . . . $7^{kgm}125$

De plus, le fouleur pousse sur le plateau à bascule une moyenne de 25 kilog. de foin.

Ce travail est $T = 25$ kilog. $\times 0,15 \times 0^m 075 = 0^{kgm}281$. $0^{kgm}281$

Total pour le travail du fouleur. . . $7^{kgm}406$

Récapitulation.

Travail des panneaux calibreurs.	$2^{kgm}450$
— du pousseur	2 119
— des chaînes.	5 000
— des cylindres.	3 450
— du tiroir	7 665
— du fouleur.	7 406
Total.	$28^{kgm}090$

Les frottements.

Les constructeurs qui tiennent à éviter les déceptions calculent que le travail utile ne sera que la moitié du travail produit. Nous les imiterons, et nous compterons pour les frottements 29 kilogrammètres. Soit donc pour le travail total 57^{kgm}90.

Nous ne nous sommes pas dispensé pour cela de calculer les frottements articulation par articulation.

Le total donné par le calcul est inférieur au chiffre de 29 kilogrammètres, mais nous jugeons prudent de maintenir ce chiffre.

§ 5. — Travail accompli par les différents ouvriers.

TRAVAIL DU MANŒUVRE SUR LA MANIVELLE. — On trouvera, annexe D, deux tableaux présentant la répartition du travail sur 10″ et sur 7″.

Si l'opération est conduite en 10″, c'est-à-dire si le manœuvre fait exécuter à la manivelle un tour en 1″43, le travail se répartira ainsi qu'il suit entre le manœuvre et le volant.

La définition stéréotypée du volant est la suivante : « Le volant est un régulateur ; lorsqu'il y a excès de la puissance sur la résistance, le volant emmagasine ; lorsqu'il y a excès de la résistance sur la puissance, le volant restitue. »

Partant de là, et considérant d'abord la marche à vide, le manœuvre obtiendra la vitesse de un tour en 1″,43 en produisant un travail de 2 kilogrammètres.

Dès que la manivelle a acquis cette vitesse, la *force vive* du volant est de 633^{k}80 [1] ; sa *puissance vive* est en nombre rond de 63^k,380 ; et sa *puissance de travail* de 31^{kgm}74. Sur ces entrefaites, la trémie a été chargée, et le 1er temps se présente. Le travail total sur cette 1re seconde est de 15^{kgm}022 ; l'ouvrier continue à ne produire que 2 kilogrammètres, et alors l'excès de la résistance sur la puissance est de 13 kilogrammètres. L'ouvrier se refusant à faire ce travail, c'est le volant qui l'accomplit. Or un travail de 13 kilogrammètres

[1] Poids de l'anneau, 55 kilog. ; diamètre moyen, 1^{m}55.

pour un volant dont la *puissance vive* est de 63^{k}74 a pour résultat de diminuer sa vitesse des $\frac{2}{6}$, et, par conséquent, de produire dans l'opération un retard de $\frac{1}{6}$.

Il s'ensuit que l'ouvrier doit pendant les 2e, 3e et 4e secondes gagner en vitesse $\frac{1}{6}$ de seconde, et, pour arrondir les chiffres, produire 1 kilogrammètre de plus que n'en comportent ces trois secondes.

Lors donc que se présente la 5e seconde, le travail de l'ouvrier est, en nombre rond, de 5 kilogrammètres. Il s'ensuit que, s'il s'en tient à son effort, les 5e, 6e et 7e secondes présentent sur la puissance un excès de 8^{kgm}173. Lorsque le volant a produit ce travail, sa vitesse a diminué, en nombre rond, des $\frac{2}{6}$; le retard de l'opération est de $\frac{1}{6}$ de 1″43, vitesse du volant. L'ouvrier devra donc, pendant les 8e, 9e et 10e secondes. gagner en vitesse $\frac{1}{6}$ de 1″,43, et, pour arrondir les chiffres, produire $\frac{3}{4}$ de kilogrammètre de plus que n'en comportent ces trois secondes.

Récapitulant, nous trouvons pour le travail du manœuvre :

1re seconde	2^{kgm}000
2e —	4 898
3e —	4 461
4e —	4 464
5e —	5 000
6e —	5 000
7e —	5 000
8e —	2 832
9e —	2 000
10e —	2 000

Total du travail du manœuvre : 37^{kgm}645.

En moyenne 3^{kgm}77 par seconde.

Considérant ensuite le travail en 7″; supposant que la puissance sera de 6 kilogrammètres pendant les 5 premières secondes, l'excès des résistances sur la puissance sera de 21^{kgm}320. Pour exécuter l'opération en 7″, la vitesse de la manivelle est de un tour par 1″. La force vive du volant est alors de 1.304 kilog.; sa puissance vive de 130 kilog., et sa puissance de travail de 65 kilogrammètres en une seconde.

Le travail de 21^{kgm}320 qu'il exécute diminue sa vitesse de $\frac{2}{6}$, et produit un retard de $\frac{1}{6}$ de 1″.

L'ouvrier devra donc, pendant les 6ᵉ et 7ᵉ secondes, gagner $\frac{1}{6}$ de seconde et, par conséquent, produire $\frac{1}{2}$ kilogrammètre de plus que n'en comportent ces deux secondes.

Récapitulant, nous trouvons pour le travail du manœuvre :

5 1ʳᵉˢ secondes à 6ᵏᵍᵐ.	30ᵏᵍᵐ000
6ᵉ seconde.	3 430
7ᵉ seconde.	2 840
Total. . .	36ᵏᵍᵐ270 [1]

soit un travail moyen inférieur à 6 kilogrammètres.

TRAVAIL DU PREMIER FOURCHEUR. — Si l'on a comprimé 30 tonnes en dix heures, le travail de cet ouvrier aura consisté à jeter, en moyenne à 1ᵐ60, 30.000 kilog.; il sera, par conséquent, de 48.000 kilogrammètres, et inférieur au travail normal de l'ouvrier travaillant avec une pelle.

TRAVAIL DES FOURCHEURS DE LA TRÉMIE. — Ces deux ouvriers font chacun la moitié du travail du précédent. Ils alternent tantôt avec lui, tantôt avec le manœuvre.

L'ouvrier du collecteur n'a besoin que de dextérité.

L'ouvrier qui écarte les balles doit dégager la machine ; il roule 30.000 kilog. à 2 mètres en moyenne.

[1] Prétendre qu'une machine accomplit un travail que son moteur ne produit pas, c'est avancer une hérésie. Il n'en est pas moins vrai que les calculs ci-dessus sont inattaquables, étant donnée la théorie du volant. Cela prouve que cette théorie est mal exposée dans tous les cours, qui se copient les uns les autres, et demeurent aussi incomplets, aussi obscurs les uns que les autres sur ce sujet. S'il est vrai qu'un volant n'augmente pas la puissance d'une machine, il est matériellement faux qu'un volant bien approprié n'augmente pas la faculté de travail de l'homme. Et il est faux encore qu'il n'y ait dans un volant que ce qu'on y met ; la preuve, c'est qu'il suffit de changer le diamètre d'un volant sans en changer le poids, par conséquent la résistance, pour en obtenir un travail double, triple.

Toutefois, si nous nous sommes permis la malice des calculs ci-dessus, c'est que la puissance de travail de l'homme sur une manivelle avec volant (Voir Morin, *Travail utile des moteurs appliqués à l'épuisement*), est au minimum de 8 kilogrammètres. Par conséquent, un travail de 60ᵏᵍᵐ en 10" est très-léger ; et il est normal en 7" pour un homme relayé.

IV

Problèmes agricoles résolus.

On suppose un pré ou une terre de huit hectares ayant produit 250 quintaux métriques de fourrage sec (25 tonnes).

1° RENTRÉE DES FOURRAGES. — Lorsque ce fourrage est suffisamment ressué, c'est-à-dire lorsqu'il est PARFAITEMENT PROPRE A ÊTRE BOTTELÉ OU ENGRANGÉ [1], il faut le soustraire le plus rapidement possible aux intempéries, c'est-à-dire le rentrer.

On sait, d'une manière générale, que la rentrée des fourrages est un travail toujours pénible et lent, d'autant plus lent que la distance du champ à la ferme est plus grande.

Sans chercher à établir une comparaison qui perdrait tout mérite, parce qu'il est presque impossible de la rendre précise, nous nous bornerons à indiquer comment ce travail s'effectuera au moyen de la botteleuse et d'un atelier composé de six ouvriers.

En prévision du travail de la machine, le fourrage a été, après le fanage, relevé aux quatre angles du champ en meules de 10 quintaux, suivant l'habitude, et disposées en cercles.

---

[1] On ne saurait trop insister sur ce point. Nous avons lu dans des Manuels agricoles et dans des articles de journaux que si l'on est disposé à comprimer des fourrages, il est inutile de les laisser ressuer autant que l'exige l'emmeulage. C'est là une profonde erreur. Le foin comprimé, comme le foin botfelé, comme le foin emmeulé, fermente et se gâte si l'opération a été hâtive. Toutes les fois qu'il y a danger ou imprudence à emmeuler sur 6 mètres de hauteur et en grande masse, il y a danger ou imprudence à comprimer. En conséquence, on ne doit faire usage de la botteleuse que sur des fourrages parfaitement propres à l'emmeulage.

La machine ayant été amenée dans le premier cercle, les six ouvriers, disposés comme il a été dit au chapitre III, exécutent chacun la manœuvre qui lui a été confiée. Lorsqu'une meule est achevée, la machine est changée de direction, et l'on entasse la meule suivante. Pendant les repos de la journée la machine est transportée d'un angle à l'autre.

En onze heures, y compris les changements de position de la machine, les 25 tonnes de foin sont bottelées. La douzième heure est employée à empiler les balles sur les marges du champ. Elles sont empilées sur des sous-traits ou sur des fagots, recouvertes de bottes de paille, et la récolte est à l'abri des intempéries, les surfaces qui peuvent être désormais décolorées ou mouillées étant sans importance.

Elle sera rentrée ensuite au fur et à mesure qu'on pourra disposer des attelages, et simplement par le charretier, qui n'a besoin d'aucun aide pour charger sur sa voiture de grosses briquettes qui basculent facilement sur un chantier.

2° MISE EN GRANGE. — Après tassement, dans une grange qui a 9 mètres de haut, les fourrages ont une densité de 69 kilog. au mètre cube [1]. Mais si l'on veut utiliser dès le premier jour le cube entier de la grange, on n'y fera entrer péniblement que 60 kilog. au mètre cube, car il faut pour cela un piétinement assez soigneusement fait.

Au contraire, la récolte passée par la botteleuse pèse 300 kilog. au mètre cube, si l'on rationne à 5 kilog. seulement.

Il s'ensuit qu'une grange qui jusqu'ici n'a pu contenir qu'une récolte pourra en contenir quatre.

3° QUALITÉ. CONSERVATION. — Du fourrage emmagasiné dans des greniers se charge de poussière, s'imprègne des émanations des écuries et des étables, sèche d'autant plus vite qu'il est moins tassé; chaque fois qu'il est déplacé, fané ou transporté, il perd une partie de ses fleurs, de ses graines, de ses feuilles et de son odeur. En fin de compte, il est au bout de dix mois à un an qualifié « foin vieux », et notablement déprécié.

Les fourrages comprimés, au contraire, sont impénétrables aux

[1] *Notice sur le service des subsistances*, t. I, p. 486.

émanations, à la poussière et à l'humidité. Il est facile d'en conserver pendant trois années entières. C'est ce qu'établit l'expérience déjà longue du foin comprimé dans les services militaires.

Au surplus, voici ce qu'écrit sur ce sujet, dans son ouvrage : *la Botte de foin*[1] (page 153), M. Merche, vétérinaire principal.

« Pour prévenir l'altération des foins naturels, dans le but de les conserver plus longtemps, et de faciliter enfin leur transport, il est un moyen trop peu usité, qui consiste à réduire les masses fourrageuses sous le plus petit volume, sans cependant nuire à leur conservation, et sans amoindrir leurs qualités alimentaires. C'est à l'aide d'une presse spéciale qui peut les condenser aux $\frac{2}{3}$, et même davantage, qu'on arrive à ce résultat.

« Est-il besoin de rappeler que le foin comprimé, étant d'un transport plus facile, favorise les transactions agricoles; que, sous cet état, il se laisse difficilement pénétrer par l'humidité, et se trouve presque à l'abri de l'incendie; que les graines ne sont pas perdues; qu'en définitive les plantes qui le composent conservent bien plus longtemps leurs principes aromatiques et nutritifs? Il est donc utile que cette pratique soit vulgarisée le plus tôt possible. »

4° ÉLEVAGE. — Nous touchons ici à l'une des sources mêmes de la richesse publique. Certes, c'est déjà beaucoup de donner à l'agriculture les moyens d'économiser les bras dans l'une des branches de travail qui en demande le plus, de soustraire rapidement les récoltes aux chances d'intempérie, d'économiser les bâtiments, ou plutôt de faire que les bâtiments actuels, toujours insuffisants, deviennent, au contraire, surabondants; mais l'agriculture a une plaie jusqu'ici incurable, parce qu'elle repose à la fois sur l'insuffisance des bâtiments, sur l'impossibilité de conserver des fourrages plus d'un an et demi sans en sacrifier une forte part, sur l'impossibilité de supporter les frais du bottelage, par conséquent, de rationner les animaux avec le soin désirable, enfin et surtout sur l'inégalité des rendements d'une année à l'autre.

En résumé, il est extrêmement rare de rencontrer une exploitation agricole pourvue d'une réserve de fourrages et dans laquelle les animaux à l'étable soient réellement rationnés. Quatre-vingt-

[1] Paris, E. Dounaud, libraire-éditeur.

quinze fois sur cent les récoltes très-abondantes sont prodiguées ou distribuées à des animaux qui viennent grossir temporairement le troupeau, tandis que toute récolte au-dessous de la moyenne force le cultivateur à réduire son élevage, et cause le dépérissement du troupeau.

L'usage de la botteleuse, qui, moyennant quelques francs de ficelle, fait dans une journée le travail de vingt-deux botteleurs (à 6 francs, plus le vin [1]), permet donc à tout agriculteur de rationner exactement ses bestiaux. A moins de détruire ses bâtiments, il pourra de plus équilibrer les récoltes de quatre années, et, par conséquent, asseoir sûrement son élevage, sa production de fumier et son assolement.

Remarque. — On vient de supposer une exploitation dans laquelle on dispose de six ouvriers.

Mais si l'on ne dispose que de trois ouvriers, on pourra toujours faire la même besogne en deux jours ou deux jours et demi au lieu d'un.

Il suffit pour cela de manœuvrer comme il a été dit au chapitre III.

Problèmes industriels résolus.

Le propriétaire de prairies qui vend ses fourrages est obligé aujourd'hui, faute de locaux et aussi parce que le foin en meules ou en grenier se conserve mal, de vendre une récolte pour faire place à l'autre. Beaucoup même vendent sur pied. Il n'y a donc aucune spéculation possible pour le propriétaire de prairies, qui subit nécessairement la fluctuation des prix.

Enfin le prix du transport des fourrages étant presque prohibitif, le propriétaire recule toujours devant cette avance de fonds lorsqu'il s'agit de vendre au loin.

Pour ces propriétaires, la botteleuse change la situation de fond en comble. Rentrer les fourrages de huit hectares, les mettre en état

[1] Le commerce, qui fait botteler à l'année, paie 0 fr. 60 par quintal métrique bottelé. Les particuliers paient souvent 0 fr. 70 et le vin, et il est très-rare qu'ils aient les botteleurs au moment où ils les voudraient.

d'être conservés pendant trois ans, d'être livrés tout bottelés, c'est, on l'a vu, l'affaire d'une journée de travail, travail moins pénible que de les charger sur un chariot à une hauteur moyenne de trois mètres.

Mais si le propriétaire veut expédier ses fourrages, voici les bénéfices que lui donnera la botteleuse.

Le transport des fourrages par chemin de fer est l'objet d'un tarif spécial; il est payé par plate-forme et par kilomètre [1].

$$
\begin{array}{llr}
\text{(a)} & \begin{cases} \text{De 0 à 100 kilomètres.} \dots \dots \dots & 0^{fr}\ 35 \\ \text{Minimum de perception.} \dots \dots \dots & 14 \quad » \end{cases} \\
\text{(b)} & \begin{cases} \text{De 101 à 200 kilomètres.} \dots \dots \dots & 0 \quad 30 \\ \text{Mininimum de perception.} \dots \dots \dots & 35 \quad » \end{cases} \\
\text{(c)} & \begin{cases} \text{De 201 et au-dessus.} \dots \dots \dots \dots & 0 \quad 25 \\ \text{Minimum de perception.} \dots \dots \dots & 60 \quad » \end{cases}
\end{array}
$$

Il y a à payer en plus par plate-forme : impôts, 3 francs; frais de garage, 1 fr. 50.

Prenant sur ce tarif le transport à la plus petite distance possible, les frais sont de : $14^{fr} + 3^{fr} + 1^{fr}\ 50 = 18^{fr}\ 50$.

Pour ces 18 fr. 50, le propriétaire ne pourra transporter que 3.200 kilog.[2], parce que 3,200 kilog. de *foin bottelé* encombrent le gabarit.

Si, au contraire, il se présente avec du foin passé par la botteleuse, il chargera 10.000 kilog. (charge limite de la plate-forme) et n'encombrera pas même les deux tiers du gabarit. (54 mètres cubes $\times$ 300 kilog. $= 16,200$ kilog.)

Au lieu de trois plates-formes, il n'en paiera donc qu'une. Le bénéfice sur une expédition de 10 tonnes sera par conséquent :

1° Différence entre le bottelage à la main de 10 tonnes de foin (60 fr.) et le bottelage mécanique, (30 fr.). .   30 fr.
2° Deux plates-formes économisées.   37

Total. . . . .   67 fr.

---

[1] Exemple de la compagnie d'Orléans.

[2] La statistique de la compagnie d'Orléans indique que la moyenne des chargements par plate-forme est de 3.200 kilog. Le gabarit est de 54 mètres cubes; le foin bottelé pèse 60 kilog. au mètre cube.

Et comme la botteleuse donne en un jour le chargement de deux plates-formes et demie, le propriétaire qui l'aura utilisée un seul jour aura gagné (rien qu'en argent sonnant) la somme de 167 fr. 50.

Pour admettre ce chiffre, il faut supposer que les six ouvriers sont payés 4 francs par jour; mais si l'on veut de plus admettre que le propriétaire des huit hectares a loué la machine 27 francs, il lui reste encore 140 francs de bénéfice.

On vient de considérer le plus petit transport possible d'après le tarif commun. Voici maintenant, sur le réseau d'Orléans, les prix payés par les propriétaires ou commerçants des grands centres d'expédition de fourrages sur Paris. Ces grands centres jouissent du privilége d'un *tarif exceptionnel*.

D'Angers à Paris la plate-forme ne coûte que. . . .   76 fr.
De Redon à Paris. . . . .   110 —
De Murat à Paris. . . . .   140 —
Plus les frais additionnels.

Les propriétaires de ces contrées gagneront donc par jour de travail de la botteleuse :

           Ceux d'Angers . . . . .   477 fr 50
           Ceux de Redon.   647   50
           Ceux de Murat.   797   50

V

Problèmes militaires résolus.

Lorsque le bottelage mécanique aura été adopté par le commerce et l'agriculture, il est supposable que l'administration de la guerre n'en refusera pas les produits; et elle jouira des mêmes avantages que les particuliers.

Nous n'insisterons donc que sur un point, le service de guerre.

Jusqu'ici l'alimentation des chevaux en campagne a présenté les plus grandes difficultés, par ces deux raisons principales, que les fourrages encombrent beaucoup plus de voitures ou de navires qu'on n'en peut traîner à sa suite, et que le fourrage comprimé est une denrée très-chère.

Or la botteleuse faisant descendre le prix du fourrage comprimé au-dessous de celui du foin bottelé ou même seulement emmeulé sur une hauteur de quelques mètres, il n'est pas de voiture qui ne puisse recevoir très-facilement son plein chargement de foin.

Si l'on prend pour exemple, non pas les plates-formes des chemins de fer, plates-formes qui seront le plus souvent réservées pour l'artillerie ou engagées dans les gares de triage, mais un wagon couvert qui ne cube que 30 mètres, et dont la charge limite est de 8.000 kilog., on voit, en effet, qu'il peut largement prendre 8.000 kilog. de foin, parce que $30^{mc} \times 300^k = 9,000$ kilog. La charge de 8,000 kilog. n'encombrera que 24 mètres cubes, c'est-à-dire les $\frac{4}{5}$ du wagon.

Or 8.000 kilog. représentent les rations de 2.000 chevaux de cavalerie; et bien que ce soit encore beaucoup qu'un wagon par jour pour 2.000 chevaux, le problème n'en est pas moins singulièrement simplifié.

. ANNEXE A

Pressions sur une charge de foin
de **6** kilogrammes
présentant une surface de **2.500** centimètres carrés.

Courbe et **Tables** des pressions.

PRESSIONS

sur une charge de foin de 6 kilogrammes.

Ces expériences ont été faites au moyen d'un appareil qui consiste en une caisse dont le fond mesure $0^m 50 \times 0^m 50$, soit 2.500 centimètres carrés de surface, et dont les parois verticales à claire-voie mesurent $0^m,40$ de hauteur.

Dans cette caisse on a, au début de chaque expérience, entassé avec la pression des mains 6 kilog. de foin; par-dessus le foin on a placé un piston de bois de $0^m 50$ de hauteur, d'une section de $0^m 49 \times 0^m 49$, et du poids de 91 kilog.

Ce piston placé sur la couche de foin s'enfonçait par son propre poids de $0^m 10$, et il était alors possible, moyennant certains artifices et de grandes précautions, de le charger successivement de trente rails du poids de 200 kilog.

Deux échelles métriques en papier, collées sur deux faces opposées du piston, donnaient pour chaque posée la hauteur de la couche de foin dans la caisse.

Pour plus de sécurité, au moyen d'un crayon coupé en deux dans le sens de sa longueur, et dont la face plane s'appliquait sur le bord de la caisse, on traçait sur le piston la ligne correspondante au degré de l'échelle relevée. Après chaque expérience, on était ainsi en possession de deux tableaux qui donnaient contradictoirement l'épure de la compression.

C'est d'après les relevés sur les échelles métriques et les différentes épures ainsi obtenues qu'a été dressée la courbe ci-jointe.

Ce tracé n'a présenté aucune difficulté, car les relevés et les épures de trois opérations ont présenté un très-grand nombre de points communs, bien que les échantillons de foin aient été pris dans différentes espèces.

La table n° 1 est dressée d'après la courbe de la présente annexe jusqu'à 6.091 kilog., et, d'après le développement du premier élément de la courbe de l'annexe B, de 6.091 kilog. jusqu'à 10.691 kilog.

La table n° 2 est dressée par le calcul, d'après la loi de la progression qui résulte des indications de la courbe ci-jointe; les différences entre les indications de ces deux tables sont peu sensibles, mais on a tenu à corriger des inexactitudes résultant, d'une part, de l'imperfection de l'appareil qui a souvent donné des sauts lorsqu'un frottement du piston contre les parois verticales de la caisse venait à cesser ou à se produire; de l'autre, de l'imperfection du tracé des deux courbes, en particulier du tracé du développement de la courbe de l'annexe B, qui a été figuré en ligne droite, faute d'instruments à très-grand rayon.

La manière de faire usage de ces tables est très-simple. Si l'on connaît, à un moment donné de l'opération, et pour des échantillons de 10 kilog. à 1 kilog., la pression par centimètre carré, on trouvera à la colonne des densités celle qui correspond à cette pression.

Si, au contraire, on connaît à un moment donné de l'opération la densité de la quantité pressée, on trouvera à la colonne des pressions par centimètre carré celle qui correspond à cette densité.

COURBE DES PRESSIONS

EXERCÉES SUR 6 KILOGRAMMES DE FOIN

présentant une surface de 2,500 centimètres caɹ

COURBE DES PRESSIONS

EXERCÉES SUR 6 KILOGRAMMES DE FOIN, PRÉSENTANT UNE SURFACE DE 2,500 CENTIMÈTRES CARRÉS

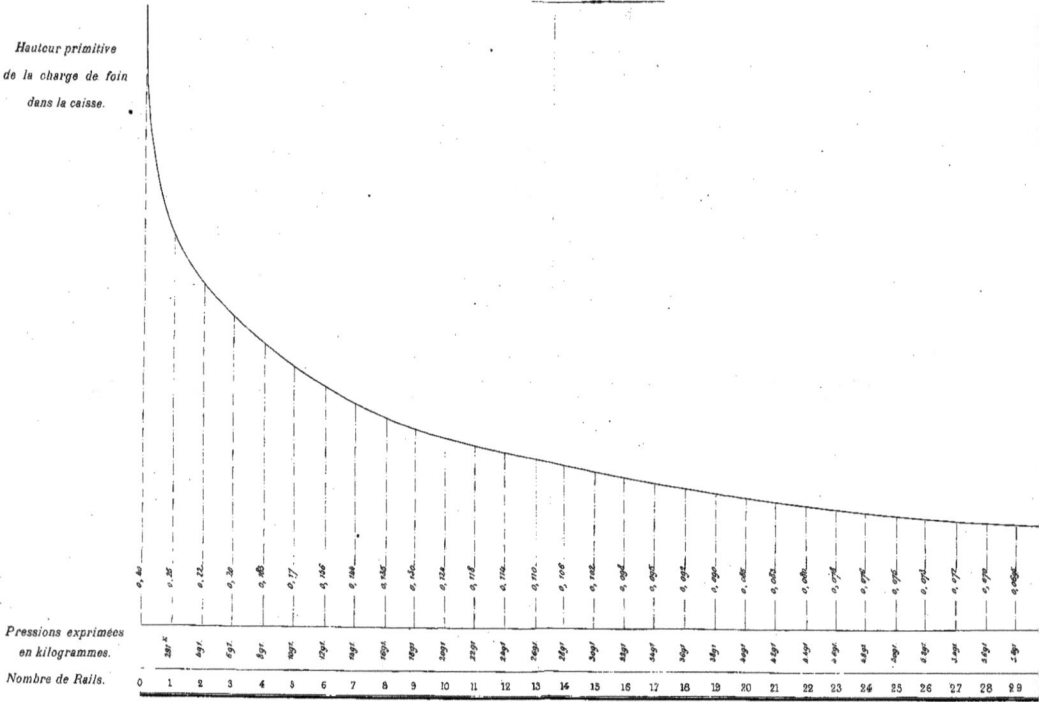

Hauteur primitive de la charge de foin dans la caisse.

Pressions exprimées en kilogrammes.

Nombre de Rails.

TABLE N° 1

**Pressions de O^k à 10.691 kilogrammes
sur une charge de foin du poids de 6 kilogrammes,
présentant une surface de 2.500 cent. carrés.**

Cette table est dressée d'après la courbe ci-jointe et son prolongement
donné à l'annexe B.

PRESSION exprimée en kilogrammes.	ÉPAISSEUR de la couche de foin.	PRESSION par centimètre carré.	VOLUME	POIDS au mètre cube.
»	0ᵐ400	»	0ᵐᶜ100.000	60ᵏ00
291ᵏ	0 250	0ᵏ1164	0 062.500	96 00
491	0 220	0 1964	0 055.000	109 09
691	0 200	0 2764	0 050.000	120 00
891	0 183	0 3564	0 045.750	131 14
1.091	0 170	0 4364	0 042.500	141 17
1.291	0 156	0 5164	0 039.000	153 84
1.491	0 144	0 5964	0 036.000	166 66
1.691	0 135	0 6764	0 033.750	177 77
1.891	0 130	0 7564	0 032.500	184 61
2.091	0 124	0 8364	0 031.000	193 54
2.291	0 118	0 9164	0 029.500	203 38
2.491	0 114	0 9964	0 028.500	210 52
2.691	0 110	1 0764	0 027.500	218 18
2.891	0 106	1 1564	0 026.500	226 41
3.091	0 102	1 2364	0 025.500	235 29
3.291	0 098	1 3164	0 024.500	244 89
3.491	0 095	1 3964	0 023.750	252 63
3.691	0 092	1 4764	0 023.000	260 86
3.891	0 088	1 5564	0 022.000	272 72
4.091	0 085	1 6364	0 021.250	282 12
4.291	0 083	1 7164	0 020.750	289 15
4.491	0 080	1 7964	0 020.000	300 00
4.691	0 078	1 8764	0 019.500	307 64
4.891	0 076	1 9564	0 019.000	315 78
5.091	0 075	2 0364	0 018.750	320 00
5.291	0 0735	2 1164	0 018.375	326 53
5.491	0 0720	2 1964	0 018.000	333 33
5.691	0 0700	2 2764	0 017.500	342 85
5.891	0 0692	2 3564	0 017.300	346 82
6.091	0 0684	2 4364	0 017.100	350 87
6.291	0 0676	2 5164	0 016.900	355 03
6.491	0 0668	2 5964	0 016.700	359 40
6.691	0 0660	2 6764	0 016.500	363 63
6.891	0 0652	2 7564	0 016.300	368 09
7.091	0 0644	2 8364	0 016.100	372 67
7.291	0 0636	2 9164	0 015.900	377 35
7.491	0 0628	2 9964	0 015.700	382 16
7.691	0 0620	3 0764	0 015.500	387 09
7.891	0 0612	3 1564	0 015.300	392 15
8.091	0 0604	3 2364	0 015.100	397 35
8.291	0 0596	3 3164	0 014.900	402 68
8.491	0 0588	3 3964	0 014.700	408 16
8.691	0 0580	3 4764	0 014.500	413 79
8.891	0 0572	3 5564	0 014.300	419 57
9.091	0 0564	3 6364	0 014.100	425 53
9.291	0 0556	3 7164	0 013.900	431 65
9.491	0 0548	3 7964	0 013.700	437 95
9.691	0 0540	3 8764	0 013.500	444 44
9.891	0 0532	3 9564	0 013.300	451 12
10.091	0 0524	4 0364	0 013.100	458 01
10.291	0 0516	4 1164	0 012.900	465 11
10.491	0 0508	4 1964	0 012.700	472 44
10.691	0 0500	4 2764	0 012.500	480 00

TABLE N° 2

Rectification par le calcul de la table n° 1
et développement de cette table
jusqu'à la pression de 20.091 kilogrammes.

PRESSION exprimée en kilogrammes.	ÉPAISSEUR de la couche de foin.	DIFFÉRENCE entre les épaisseurs de la couche de foin suivant les pressions.	PRESSION par centimètre carré.	VOLUME	POIDS au mètre cube.
»	0m400	0m150	»	0mc100.000	60k00
291k	0 250	0 030	0k1164	0 062.500	96 00
491	0 220	0 020	0 1964	0 055.000	109 09
691	0 200	0 017	0 2764	0 050.000	120 00
891	0 183	0 013	0 3564	0 045.780	131 14
1.091	0 170	0 014	0 4364	0 042.500	141 17
1.291	0 156	0 012	0 5164	0 039.000	153 84
1.491	0 144	0 008	0 5964	0 036.000	166 66
1.691	0 136	0 006	0 6764	0 034.000	176 47
1.891	0 130	0 006	0 7564	0 032.500	184 61
2.091	0 124	0 006	0 8364	0 031.000	193 54
2.291	0 118	0 004	0 9164	0 029.500	203 39
2.491	0 114	0 004	0 9964	0 028.500	210 52
2.691	0 110	0 004	1 0764	0 027.500	218 18
2.891	0 106	0 004	1 1564	0 026.500	226 41
3.091	0 102	0 004	1 2364	0 025.500	235 29
3.291	0 098	0 003	1 3164	0 024.500	244 89
3.491	0 095	0 003	1 3964	0 023.750	252 63
3.691	0 092	0 003	1 4764	0 023.000	260 86
3.891	0 089	0 003	1 5564	0 022.250	269 66
4.091	0 086	0 003	1 6364	0 021.500	279 06
4.291	0 083	0 002	1 7164	0 020.750	289 13
4.491	0 081	0 002	1 7964	0 020.250	296 29
4.691	0 079	0 002	1 8764	0 019.750	303 83
4.891	0 077	0 002	1 9564	0 019.250	311 68
5.091	0 075	0 002	2 0364	0 018.750	320 00
5.291	0 073	0 001	2 1164	0 018.250	328 76
5.491	0 072	0 001	2 1964	0 018.000	333 33
5.691	0 071	0 001	2 2764	0 017.550	338 02
5.891	0 070	0 001	2 3564	0 017.500	342 85
6.091	0 069	0 001	2 4364	0 017.250	347 82
6.291	0 068	0 0009	2 5164	0 017.000	352 94
6.491	0 0671	0 0009	2 5964	0 016.775	357 67
6.691	0 0662	0 0009	2 6764	0 016.550	362 53
6.891	0 0653	0 0009	2 7564	0 016.325	367 53
7.091	0 0644	0 0009	2 8364	0 016.100	372 67
7.291	0 0635	0 0008	2 9164	0 015.875	377 95
7.491	0 0627	0 0008	2 9964	0 015.675	382 77
7.691	0 0619	0 0008	3 0764	0 015.475	387 72
7.891	0 0611	0 0008	3 1564	0 015.275	392 79
8.091	0 0603	0 0008	3 2364	0 015.075	398 00
8.291	0 0595	0 0007	3 3164	0 014.875	403 36
8.491	0 0588	0 0007	3 3964	0 014.700	408 16
8.691	0 0581	0 0007	3 4764	0 014.525	413 08
8.891	0 0574	0 0007	3 5564	0 014.350	418 11
9.091	0 0567	0 0007	3 6364	0 014.175	423 20
9.291	0 0560	0 0006	3 7164	0 014.000	428 57
9.491	0 0554	0 0006	3 7964	0 013.850	433 21
9.691	0 0548	0 0006	3 8764	0 013.700	437 95
9.891	0 0542	0 0006	3 9564	0 013.550	442 80
10.091	0 0536		4 0364 .	0 013.400	447 76

PRESSION exprimée en kilogrammes.	ÉPAISSEUR de la couche de foin.	DIFFÉRENCE entre les épaisseurs de la couche de foin suivant les pressions.	PRESSION par centimètre carré.	VOLUME	POIDS au mètre cube.
10.291 k	0 m 0530	0 0006	4 k 1164	0 me 013.250	452 k 83
10.491	0 0525	0 0005	4 1964	0 013.125	457 14
10.691	0 0520	0 0005	4 2764	0 013.000	461 53
10.891	0 0515	0 0005	4 3364	0 012.875	466 01
11.091	0 0510	0 0005	4 4364	0 012.750	470 58
11.291	0 0505	0 0005	4 5164	0 012.625	475 24
11.491	0 0501	0 0004	4 5964	0 012.525	479 04
11.691	0 0497	0 0004	4 6764	0 012.425	482 89
11.891	0 0493	0 0004	4 7564	0 012.325	486 81
12.091	0 0489	0 0004	4 8364	0 012.225	490 79
12.291	0 0485	0 0004	4 9164	0 012.125	494 02
12.491	0 0482	0 0003	4 9964	0 012.050	497 92
12.691	0 0479	0 0003	5 0764	0 011.975	501 04
12.891	0 0476	0 0003	5 1564	0 011.900	504 20
13.091	0 0473	0 0003	5 2364	0 011.825	507 39
13.291	0 0470	0 0003	5 3164	0 011.750	510 64
13.491	0 0468	0 0002	5 3964	0 011.700	512 82
13.691	0 0466	0 0002	5 4764	0 011.650	515 02
13.891	0 0464	0 0002	5 5564	0 011.600	517 24
14.091	0 0462	0 0002	5 6364	0 011.550	519 48
14.291	0 0460	0 0002	5 7164	0 011.500	521 73
14.491	0 0459	0 0001	5 7964	0 011.475	522 87
14.691	0 0458	0 0001	5 8764	0 011.450	524 01
14.891	0 0457	0 0001	5 9564	0 011.425	525 16
15.091	0 0456	0 0001	6 0364	0 011.400	526 31
15.291	0 0455	0 0001	6 1164	0 011.375	527 47
15.491	0 04541	0 00009	6 1964	0 011.352	528 34
15.691	0 04532	0 00009	6 2764	0 011.330	529 56
15.891	0 04523	0 00009	6 3564	0 011.307	530 64
16.091	0 04514	0 00009	6 4364	0 011.285	531 67
16.291	0 04505	0 00009	6 5164	0 011.262	532 76
16.491	0 04497	0 00008	6 5964	0 011.242	533 71
16.691	0 04489	0 00008	6 6764	0 011.222	534 66
16.891	0 04481	0 00008	6 7564	0 011.202	535 61
17.091	0 04473	0 00008	6 8364	0 011.182	536 57
17.291	0 04465	0 00008	6 9164	0 011.162	537 53
17.491	0 04458	0 00007	6 9964	0 011.145	538 35
17.691	0 04451	0 00007	7 0764	0 011.127	539 22
17.891	0 04444	0 00007	7 1564	0 011.110	540 05
18.091	0 04437	0 00007	7 2364	0 011.092	540 93
18.291	0 04430	0 00007	7 3164	0 011.075	541 76
18.491	0 04424	0 00006	7 3964	0 011.060	542 49
18.691	0 04418	0 00006	7 4764	0 011.045	543 23
18.891	0 04412	0 00006	7 5564	0 011.030	543 97
19.091	0 04406	0 00006	7 6364	0 011.015	544 71
19.291	0 04400	0 00006	7 7164	0 011.000	545 45
19.491	0 04395	0 00005	7 7964	0 010.987	546 09
19.691	0 04390	0 00005	7 8764	0 010.975	546 69
19.891	0 04385	0 00005	7 9564	0 010.962	547 35
20.091	0 04380	0 00005	8 0364	0 010.950	547 94

ANNEXE B

**Pressions sur la partie centrale des bottes de foin,
de 5 tonnes à 95 tonnes.**

Courbe et Table des pressions.

PRESSIONS

sur la partie centrale des bottes de foin.

L'expérience des fiches, rapportée au chapitre I du mémoire; l'expérience rapportée au chapitre II, relativement aux variations de la quantité de travail suivant l'importance de l'échantillon traité; enfin les expériences rapportées à l'annexe A donnent à penser que la courbe de ladite annexe est la courbe de l'élasticité du foin.

Voulant vérifier ce fait en comprimant des charges de foin dans lesquelles la matière serait inégalement répartie, voulant en outre connaître la densité maxima à laquelle on puisse pousser le foin sans le détruire, nous avons entrepris la compression des bottes de foin au moyen d'une presse hydraulique propre à décaler les roues de wagon, disposition qui rend les expériences de pression très-faciles à suivre.

Les expériences furent pratiquées de la manière suivante. (Voir la planche ci-jointe.)

Deux madriers de chêne mesurant $0^m 30 \times 0^m 40$, soit 1.200 centimètres carrés de surface, étaient placés, l'un contre la tête du piston horizontal de la machine, l'autre contre le heurtoir vertical. Une botte de foin de 6 kilog. était présentée entre les deux madriers, de manière à être saisie entre les deux liens. La pression étant suffisamment établie, on suspendait l'opération, et l'on coupait à la hache sur les quatre faces le foin qui dépassait les madriers.

Deux équerres étaient alors placées sur les sections horizontales des madriers, de manière à donner entre elles l'écartement de la couche de foin. Une personne suivait avec un double-décimètre la marche de l'aplatissement, et dictait à haute voix les indications du double-décimètre, à mesure que le contre-maître dictait les indications du manomètre cinq tonnes par cinq tonnes.

A la fin de l'opération, la quantité de foin comprimée entre les deux madriers était pesée. Elle a été trouvée en moyenne de $2^k 850$.

La table et la courbe ci-jointes donnent les résultats de deux expériences qui n'ont pas présenté de différences sensibles, bien que l'une ait été faite avec du foin grossier, l'autre avec du foin fin.

Le dispositif adopté permet en outre de vérifier à nouveau un fait très-important. Nous avions remarqué en 1864, à Vincennes, que le foin comprimé ne réagit que dans le sens inverse de la pression. C'est ainsi que le renflement des balles sorties des presses hydrauliques est insignifiant dans le sens de la longueur et de la largeur, bien que le foin à Vincennes soit un peu comprimé dans tous les sens dans l'appareil préparatoire.

Ici, l'expérience est autrement significative : 2ᵏ850 de foin ont supporté une pression de 95.000 kilog. sans qu'il se soit produit le moindre glissement. Les sections du foin entre les madriers étaient aussi nettes à la fin de l'opération qu'au début.

Lorsque l'on comprime du foin, il faut donc oublier le théorème de Pascal sur l'égalité des pressions en vase clos. Du foin comprimé dans un seul sens ne réagira que dans un sens.

Un deuxième fait fut constaté sur le terrain même.

Ces 2ᵏ850 de foin, comprimés jusqu'à devenir une feuille de 28 millimètres d'épaisseur, ont conservé assez d'élasticité pour transporter pendant le recul du piston, et sur une longueur de 0ᵐ02, un madrier de chêne cubant 0ᵐ30 × 0ᵐ40 × 0ᵐ07, soit un poids de 7 kilog.

Les plaquettes ont renflé en quelques minutes jusqu'à prendre une épaisseur de 0ᵐ10.

Le troisième fait constaté sur place est celui-ci : le cœur de la botte de foin, même dans sa partie tangente au piston, ne présentait aucun commencement d'altération. L'ensemble était un peu humide au toucher, et il est clair que du foin comprimé à cette densité (plus de 1.100 kilog.) devrait, pour pouvoir être conservé, ressuer à l'air libre pendant quelques jours.

La courbe et la table ci-jointes ayant été dressées, nous avons aussitôt rapproché les pressions par centimètre carré des densités de la plaquette, et nous avons vu par le rapprochement avec la table nº 2 que les pressions répondent à des densités beaucoup plus élevées que celles qui sont données par le calcul pour l'ensemble de la plaquette.

Par exemple, la pression de 4ᵏ166 par centimètre carré répond sur un échantillon de 6 kilog. ou de 3 kilog. à la densité de 455 kilog. au mètre cube (le foin étant également réparti sur la surface). Il est donc impossible que cette même pression exercée sur un échantillon de 2ᵏ850 ne donne que la densité de 339 kilog., et il est clair que le cœur de la botte de foin forme un « caillou » qui, sous la pression de 4ᵏ166, a atteint la densité de 455 kilog. au mètre cube.

Les dimensions de ce « caillou » n'ayant pas varié pendant l'opération, puisqu'il ne s'est produit aucun glissement dans la plaquette de foin, sa densité a, pendant l'opération, varié en sens inverse de l'épaisseur de la couche. C'est sur cette donnée qu'on a calculé les densités du caillou (dernière colonne de la table), et créé, par conséquent, la table à consulter pour la compression de petits échantillons portés à de très-hautes densités.

Le foin peut donc, sans s'altérer, atteindre la densité de 1.100 à 1.200 kilog. au mètre cube [1].

---

[1] Depuis que nous avons fait cette expérience, on nous a présenté des échantillons de plantes médicinales expédiées d'Amérique en plaquettes dont la densité est de plus de 1.200 kilog. Les capil-

Enfin la courbe des pressions sur la partie centrale des bottes de foin, qui sont construites comme des solides d'égale résistance, est exactement la même courbe que celle qu'on obtient en comprimant des charges de foin également réparties sur la surface. La planche ci-jointe le démontre suffisamment si on la rapproche de la planche de l'annexe A.

laires que nous avons examinées ne présentent aucune trace d'écrasement. Le procédé employé pour créer ces plaquettes consiste à comprimer peu de plantes à la fois ; à faire subsister la pression pendant quelques heures, ce qui détruit complétement l'élasticité de la plante ; et à débiter ensuite au moyen d'une scie circulaire les grandes plaquettes obtenues.

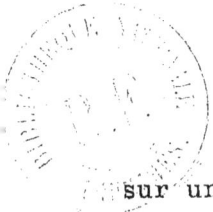

TABLE DES PRESSIONS

De 5 tonnes à 95 tonnes
sur une charge de foin du poids de 2ᵏ850 présentant
une surface de 1.200 centimètres carrés.

PRESSION exprimée en tonnes.	ÉPAISSEUR de la couche de foin.	PRESSION par centimètre carré.	VOLUME	DENSITÉ MOYENNE de la plaquette.	DENSITÉ du caillou.
5	0ᵐ07	4ᵏ166	0ᵐᶜ008.400	339 ᵏ	455 ᵏ
10	0 05	8 333	0 006.000	475	637
15	0 045	12 500	0 005.400	527	707
20	0 043	16.666	0 005.160	552	740
25	0 042	20 833	0 005.040	565	758
30	0 0405	25 000	0 004.860	586	786
35	0 0395	29 166	0 004.740	601	806
40	0 0375	33 333	0 004.500	633	849
45	0 0360	37 500	0 004.320	657	884
50	0 0350	41 466	0 004.200	678	910
55	0 0335	45 833	0 004.020	708	950
60	0 0325	50 000	0 003.900	730	978
65	0 0320	54 166	0 003.840	742	995
70	0 0310	58 333	0 003.720	766	1.027
75	0 0305	62 500	0 003.660	778	1.044
80	0 0300	66 666	0 003.600	791	1.061
85	0 0295	70 833	0 003.540	805	1.079
90	0 0290	75 000	0 003.480	818	1.098
95	0 0280	79 166	0 003.360	848	1.137

COURBE DES PRESSIONS

EXERCÉES SUR LA PARTIE CENTRALE DES BOTTES DE

au moyen d'une presse hydraulique

Surface: 1,200 centimètres carrés

Quantité pressée : 2ᵏ850

APPAREIL D'EXPERIENCE

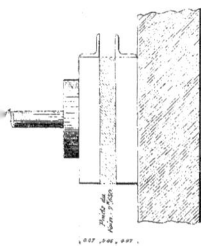

COURBE DES PRESSIONS

EXERCÉES SUR LA PARTIE CENTRALE DES BOTTES DE FOIN, AU MOYEN D'UNE PRESSE HYDRAULIQUE

Surface : 1,200 centimètres carrés

Quantité pressée : 2ᵏ 850ᵍ

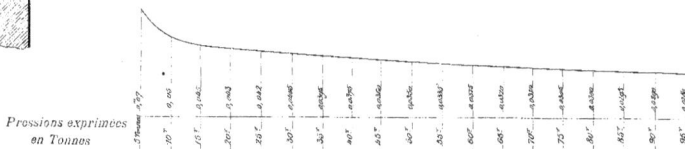

Pressions exprimées en Tonnes

DÉVELOPPEMENT DU 1ᵉʳ ÉLÉMENT DE LA COURBE CI-DESSUS

ET RACCORDEMENT DE CET ÉLÉMENT AVEC LA COURBE DE L'ANNEXE **A**

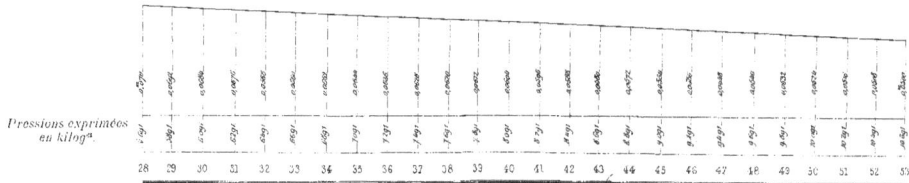

Pressions exprimées en kilogᵃ

28 29 30 31 32 33 34 35 36 37 38 39 40 41 42 43 44 45 46 47 48 49 50 51 52 53

ANNEXE C

Expérimentation de la Botteleuse.

Expérimentation de la Botteleuse.

Question 1. — On se propose de faire introduire, par deux ouvriers pourvus de fourches, des charges de 5 ou de 6 kilog. de foin dans une caisse mesurant 1 mètre de longueur et 0ᵐ48 de largeur. L'appareil n'est-il pas bien étroit?

Réponse. — Il y a un appareil d'un usage journalier destiné à recevoir ces mêmes charges de foin lancées au bout d'une fourche : c'est le râtelier.

Or le râtelier type a 0ᵐ50 d'ouverture. Il est vrai que le palefrenier qui introduit le foin dans le râtelier se sert du mur comme point d'appui, et c'est pour cette raison que la trémie a la forme d'une hotte. La seule différence entre la manœuvre du râtelier et la manœuvre de la trémie, c'est donc que le râtelier s'ouvre à 2 mètres au-dessus du sol, tandis que l'ouverture de la trémie est seulement à 1ᵐ14 du sol. Au lieu de jeter le foin dans le râtelier, il s'agit de l'introduire dans la mangeoire.

Question 2. — Ces ouvriers qui manœuvrent le foin avec une fourche doivent n'en prendre chacun et exactement que 2ᵏ500 ou 3 kilog., suivant le rationnement que l'on veut obtenir. Ils doivent de plus exécuter en 10″, 8″ ou 7″, suivant leur adresse, la double opération de prendre ces 2ᵏ500 et de les insérer dans la trémie. N'est-ce pas trop peu de temps pour une opération trop précise?

Réponse. — A dix reprises différentes nous avons fait construire avec des voliges une trémie semblable à celle de la botteleuse, et nous avons fait exécuter la manœuvre par des ouvriers plus ou moins habiles.

La durée de la manœuvre dans la pratique est de 5″ seulement. En ce qui concerne la précision du poids, tous les ouvriers que nous avons employés ou exercés trouvent qu'il est plus facile de peser au bout d'une fourche, qui fait levier, que de peser au bout des bras, ainsi que sont obligés de le faire tous les botteleurs.

Les chefs botteleurs qui ont dirigé les expériences faites sur ce point admettent qu'il faut une heure pour former un ouvrier agricole à cette manœuvre. Ils les forment en leur faisant jeter leur « fourchée » sur une bascule, et en leur faisant corriger l'erreur. Les femmes de la campagne surtout deviennent rapidement très-habiles, et ne commettent pas d'écart de plus de 50 grammes en plus ou en moins.

Question 3. — Comment le foin se comportera-t-il entre les chaînes? Ne sera-t-il pas coupé?

Réponse. — Pour couper du foin quelque peu comprimé, il faut une hache parfaitement aiguisée. On verra tout à l'heure que le boudin d'une roue de wagon du poids de 1.300 kilog. (la roue) ne laisse pas de trace appréciable sur le foin; à plus forte raison les chaînes du presseur, qui, à elles six, donnent au plus 500 kilog. de pression. Toutefois nous avons fait des expériences directes, soit au moyen de cordes, soit au moyen de planches appliquées de champ sur des bottes de foin, et séparées par le même intervalle que les chaînes du presseur. Non-seulement le foin ne garde pas la moindre trace de ce pressage, mais la flèche de son renflement entre les planches ne dépasse pas $0^m 02$.

Au surplus, l'action de chaînes sur le foin dans le but d'en diminuer le volume n'est pas une innovation; ce qu'il y a de nouveau, c'est la disposition de ces chaînes. Nous avons déjà eu l'occasion de dire que, dans nos ateliers militaires, le pressage préparatoire comporte précisément l'action d'une chaîne qui réduit de plus d'un mètre la hauteur de la charge qu'on lui fait traiter, et cette chaîne unique agit sur une charge qui mesure $1^m 25$ de longueur.

Question 4. — Comment le foin se comporte-t-il dans un laminoir? Il semble qu'on le pousse à une densité bien élevée.

Réponse. — J'ai déjà eu l'occasion d'expliquer comment, dans nos ateliers militaires, les couches de foin tangentes au plateau presseur supportent jusqu'à des pressions de 49 kilog. par centimètre carré. Dans le laminoir de la botteleuse, tel qu'il est présenté sur le dessin, la plus grande pression suivant l'axe même des cylindres ne dépasse pas $2^k 500$ par centimètre carré.

Il serait donc fort extraordinaire que le foin sortît des cylindres autrement qu'en parfait état de conservation. Voici d'ailleurs les résultats de quelques-unes des nombreuses expériences auxquelles nous nous sommes livré sur ce point.

On a commencé par cylindrer le foin sous des roues de wagon. Aucune expérience n'est plus concluante ni plus facile à répéter. En dehors de la voie, le long du rail, et entre deux coussinets, on place un madrier de niveau avec le rail. En travers du rail et du madrier on place une botte de foin de 6 kilog., de manière que son axe transversal s'applique sur le rail. On fait alors pousser sur la botte un wagon vide, dont chaque roue pèse de 1.200 à 1.400 kilog., suivant la tare du wagon dont elle porte le quart.

Le chef d'équipe cale le wagon au moment où le plan vertical passant par les essieux coïncide avec l'axe longitudinal de la botte. L'arrêt obtenu, on mesure la botte, et l'on constate qu'elle ne s'est ni allongée ni élargie. (Confirmation des expériences rapportées à l'annexe B.) Cette constatation faite, on coupe à la hache toute la partie de la botte qui déborde la roue en dehors de la voie, et l'on mesure l'épaisseur de la planche de foin dans l'axe des roues. En tenant compte de la conicité de la bande de la roue, on trouve, en moyenne, que l'épaisseur de la planche est de $0^m 050$. On décale alors le wagon, on le fait pousser de nouveau, et l'on examine le foin. On constate que le boudin seul de la roue a laissé une très-légère trace de gaufrure sur les brins, qu'il a cependant cisaillés contre le rail.

Après la roue de wagon, nous avons usé d'un cylindre à macadam. (Voir la planche ci-jointe.) Au lieu de cylindrer une tranche de botte, nous avons voulu cylindrer une botte entière. Les résultats en grand ont vérifié les résultats en petit. Deux bottes de foin ont été placées en long sur le trajet du rouleau, de manière à être comprimées chacune par moitié. (Planche I, fig. 2.) Le rouleau (fig. 1) a été arrêté sur l'axe des deux bottes. On a coupé à la hache la partie des bottes qui dépassaient de chaque côté les sections du cylindre, et mesuré les épaisseurs des planches de foin. En moyenne l'épaisseur a été trouvée de 0^m045. Des éperons fixés sur chaque essieu, et terminés par des crayons attachés à des baleines, ont tracé sur des écrans parallèles aux sections des cylindres le trajet sur la botte (fig. 3). Si l'on résout le prisme ayant pour section le trapèze dans lequel s'inscrit la courbe de la figure 3, on trouve (étant donné le poids de 6^{k}800 trouvé sous le cylindre), que le foin a été amené à la densité de 900 kilog. environ.

La singularité de cette expérience avait attiré un grand nombre de paysans et de propriétaires de prairies qui s'étaient réunis autour du cylindre sur la place publique.

Ils ont examiné le foin avec la plus grande curiosité, et se sont montrés fort étonnés de n'y trouver aucune trace du cylindrage.

Les expériences sur des bottes comprimées en travers ont donné des résultats identiques.

Toutefois le laminage pouvait produire d'autres effets que le cylindrage, et nous nous sommes mis en quête d'un laminoir. Nous l'avons trouvé à Tours chez M. Brethon, fabricant de machines pour la tuilerie. Le « concasseur de terres » de M. Brethon se compose de deux cylindres en fonte lisse, dont l'un a une marche plus rapide que l'autre, dans le but de produire le déchirement des petits cailloux dont la terre à brique doit être exempte. De plus, ces cylindres, montés pour présenter seulement un écartement de quelques millimètres, ne peuvent s'écarter d'un côté que de 7 millimètres, de l'autre de 15, en somme de 22, en moyenne de 11.

Enfin l'appareil gracieusement mis à notre disposition était neuf, fraîchement peint, placé dans le magasin de vente, par conséquent, peu ou point graissé. M. Brethon, qui a soixante et onze ans, a pris la manivelle, tandis que nous présentions au laminoir des plaquettes de foin de 1 kilog. Or le foin a passé sans difficulté, et l'action du cylindre en avance sur l'autre a simplement eu pour résultat de faire que le foin se fanait en sortant des cylindres. C'est un mode de fanage que nous ne recommanderons pas; mais l'expérience était triplement décisive. Les cylindres lisses ne glissent pas sur le foin, à moins qu'on ne leur offre de trop grosses bouchées, ce qui arrive pour toutes les substances laminées. Le laminage ne détériore pas le foin plus que le cylindrage; enfin le laminage d'une botte de foin de 5 kilog. sur 0^m055 d'épaisseur[1], dans un appareil qui double pour le moins la résistance, pouvait être fait par un homme.

---

[1] Nous avons établi, chapitre II, que la pression pour une même densité ne varie pas sensiblement sur les petits échantillons. Laminer des plaquettes de 1 kilog. sur 0^m011 d'épaisseur, ou une plaquette de 5 kilog. sur 0^m055, c'est donc tout un au point de vue de la résistance.

Question 5. — Le foin qui renfle au sortir des cylindres au point de revenir immédiatement à l'état primitif, n'indique-t-il pas une très-grande puissance de réaction? L'insertion de la planche laminée dans le couloir par la chasse des cylindres ne sera-t-elle pas un très-gros travail?

Réponse. — La puissance de réaction du foin a été, en effet, l'objection de tous les ingénieurs et mécaniciens que j'ai consultés au début. Voici comment nous avons tiré cette question au clair.

Nous avons fait construire chez un charpentier l'appareil dessiné en élévation sur la planche ci-jointe (fig. 3). Il se compose de huit paires de rouleaux de bois mesurant 0ᵐ 50 de long., 0ᵐ 15 de diamètre, et dont les tourillons de 0ᵐ 08 de diamètre tournent dans des flasques de sapin. Les quatre premières paires sont en bois blanc, les quatre dernières en chêne. L'écartement entre la première paire est de 0ᵐ 20, entre la dernière de 0ᵐ 033, bien que le dessinateur l'ait représenté de 0ᵐ 031. La pente ainsi réglée, le travail à exécuter entre les quatre premières paires pour faire passer une botte de foin entre les rouleaux est précisément le plus grand travail des chaînes dans la botteleuse, et le travail entre les quatre dernières paires est le travail entre les cylindres du laminoir, à peu de chose près.

La série de rouleaux se termine par un couloir en bois. Enfin un treuil placé à l'avant de l'appareil permet de tirer les bottes de foin au moyen d'une corde passée par derrière.

Ayant donc fait faire des bottes de foin du poids de 3 kilog., nous les avons présentées en travers de l'axe longitudinal de l'appareil; la corde du treuil a été passée par derrière la botte, et le manœuvre a agi sur la manivelle.

Il a mené d'une main, rondement, la botte jusqu'à la cinquième paire, plus doucement avec les deux mains jusqu'à la septième; enfin très-péniblement [1] jusqu'au couloir. Mais aussitôt que la botte a été dégagée des rouleaux, il a dû s'arrêter court pour ne pas la jeter hors du couloir. La main posée sur la manivelle suffisait à faire mouvoir entre les deux planches la charge dont la densité était de 390 kilog. au mètre cube (même fait sur des bottes de 6 kilog.).

Plusieurs opérations ayant été exécutées, le même effet s'est produit. Remarquant alors de légères stries sur le bois blanc qui formait les deux faces du couloir, nous avons chargé d'un poids de 20 kilog. une botte de foin, et nous l'avons fait glisser sur du bois de même essence. Ayant obtenu par ce moyen des stries beaucoup plus profondes que celles qui se montraient dans le tiroir, nous en avons conclu que la réaction de la charge est très-sensiblement inférieure à 20 kilog.

Désirant plus de précision, nous nous sommes reporté aux *Notices sur le service des subsistances*. Il résulte des indications fournies par ces documents, que les balles du poids de 200 à 250 kilog., comprimées à la densité de 300 kilog. dans les presses hydrauliques, sont cerclées au moyen de trois cercles de fil de fer d'un

---

[1] La résistance à la traction dans cet appareil est $R = \frac{P \times 0.13 \times 0.08}{0.13}$; et en faisant $P = 1$, $R = 0.227$. Dans la botteleuse, $R = \frac{P \times 0.10 \times 0.03}{0.40}$, et en faisant $P = 1$, $R = 0.0075$. La résistance dans l'appareil est donc 30 fois plus grande que dans la machine.

diamètre de 0m 004. La section de ces fils est de 13 millimètres carrés, et leur résistance à la rupture est, pour chacun, de 195 kilog.; pour les trois : de 585 kilog. Or ces cercles subissent à la fois l'action et la réaction; d'où il suit qu'au grand maximum, la puissance de réaction d'une charge de foin du poids de 200 kilog., comprimée jusqu'à peser 300 kilog. au mètre cube, est de 293 kilog. La puissance de réaction d'une charge de 50 kilog., comprimée au même degré, ne saurait donc être supérieure à 73 kilog. Néanmoins, et dans le but d'éviter les déceptions sur ce point comme sur les autres, nous l'avons comptée sur le pied de 100 kilog. (soit 10 kilog. par charge de 5 kilog.) dans le calcul des résistances.

Question 6. — Quel est le coefficient de frottement du foin pressé, ou plutôt comment a-t-on établi qu'il est de 15 % sur la fonte ou la tôle polie?

Réponse. — A défaut de table de fonte ou de fer poli, nous avons fait clouer sur une table en bois une feuille de zinc laminé.

Ayant ensuite fait scier par la moitié une balle de foin pressé du poids de 100 kilog., nous avons placé l'une des moitiés sur la feuille de zinc, et tout d'abord suivant les faces dont le foin, ayant renflé à travers les cercles, n'avait qu'une faible densité. La balle était ensuite entourée d'une ficelle passée sur une poulie de renvoi; et l'extrémité libre de la ficelle était chargée jusqu'au moment où la somme des poids ajoutés déterminait le mouvement de la balle.

Ces faces peu denses ont donné un coefficient de frottement de 0,40.

La face sciée, qui avait une densité de 210 kilog. au mètre cube, a donné un coefficient de 24 %.

La loi générale des frottements s'est donc trouvée vérifiée; plus le foin est dense, moins son coefficient de frottement est élevé.

Or le foin dans les tiroirs de la botteleuse est à la densité de 350 kilog. au mètre cube.

D'autre part, le coefficient que nous avons ainsi déterminé est le coefficient *de départ*, plus élevé que le coefficient pendant le mouvement.

Enfin le frottement sur le zinc non poli est beaucoup plus considérable que le frottement sur la fonte ou la tôle polies finement, comme le seront la fonte et les tôles de la botteleuse en contact avec le foin.

Tenant compte seulement de ces deux derniers faits, dont l'importance peut se mesurer par analogie, nous avons calculé que le coefficient de frottement du foin pressé à 200 kilog. au mètre cube est sur la fonte polie de 15 % seulement; et c'est ce coefficient que nous avons adopté dans nos calculs.

EXPÉRIENCES SUR LE CYLINDRAGE DES FOINS

FAITES A AMBOISE LE 20 MAI 1877

avec un cylindre de la maison BOULONNY, pesant 5,500 kilog.

Échelle de ¹⁄₂₀

(Fig. 1.)
BOTTE EN LONG

Coupe longitudinale
sur le milieu de la capacité et sur l'axe de la botte.

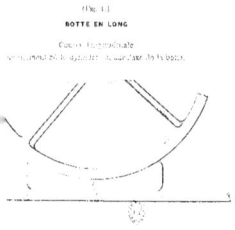

(Fig. 2.)

Coupe transversale à l'axe du cylindre et à la hauteur de la botte.

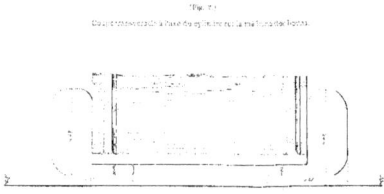

(Fig. 3.)
BOTTE EN LONG

Coupe transversale sur la culture de la botte
et sur la cour de cylindre.

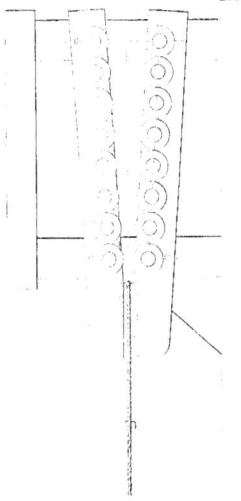

Appareil de démontré de la presse.

EXPÉRIENCES SUR LE CYLINDRAGE DES FOINS

ET APPAREIL EXPÉRIMENTAL DU COULOIR

ANNEXE D

Tableau nº 1. — Marche des organes de la machine et de la charge traitée ou mue par ces organes.

Tableau nº 2. — Répartition du travail entre les 10 temps de l'opération.

Tableau nº 3. — Répartition du travail sur 7".

TABLEAU N° 1

Marche des organes de la machine et de la charge traitée ou mue par ces organes.

MOTEURS { CADRE N° 1 — CADRE N° 3 — CADRE N° 2 — CADRE N° 3 — CADRE N° 4

TEMPS	PANNEAUX calibreurs	POUSSEUR	MARCHE DE LA CHARGE				TIROIR	HERSE	FOULEUR	MARCHE de la charge dans le collecteur	CHARGE de la trémie
			dans les chaînes.	dans les cylindres.	dans le couloir.	dans le tiroir.					
1	I←—	. . . . .	. . . . .					. . . . .	I←—	m. 0 075	. . . . .
2	. . . . .	I	m. 0 14	. . . . .		m. 0 16	. . . . .	I	. . . . .		
3	. . . . .	I →	0 25	. . . . .		0 25	{.	I	. . . . .		
4	I→	{0 36 } »	0 25	. . . . .		0 09	{» 0 50 ↑}	{0 36↓ »}	I→		
5	. . . . .	← I }	0 25	m. 0 09			I	I ↑	. . . . .		
6	. . . . .	I } . . .	0 25	0 25	m. 0 24	. . . . .	I	I	. . . . .		
7	. . . . .	{0 36) »	0 16	0 25	0 25	. . . . .	{0 36)»	{0 36)»	. . . . .	. . . . .	{» 0 64
8	. . . .	. . . . .	. . . . .	0 01	0 01	. . . . .	I		. . . . .	. . . . .	I
9	. . . . .	. . . . .	. . . . .	. . . . .	. . . . .	. . . . .	I	. . . . .			I
10	. . . .						{0 36 » ↓}				I

TABLEAU N° 2

Répartition du travail entre les 10 temps de l'opération.

TEMPS	PANNEAUX calibreurs.	POUSSEUR	MARCHE DE LA CHARGE			TIROIR	HERSE	FOULEUR	TOTAUX par temps.	FROTTEMENT	TRAVAIL total.
			dans les chaines.	dans les cylindres.	dans le couloir.						
1	kgm. 2 450	......	......	......		......	...	7 406	kgm. 9 856	kgm. 5 166	kgm. 15 022
2	......	kgm. 0 898	kgm. 0 54	......		......		......	1 438	2 460	3 898
3	......	0 898	0 96	......		......			1 858	2 593	4 451
4	......	0 323	0 96	......		kgm. 0 585		......	1 868	2 596	4 464
5	......		0 96	kgm. 0 348	......	2 998	...		4 306	3 378	7 684
6	......	......	0 96	0 969	kgm. 0 54	2 998	...	......	5 467	3 751	9 218
7			0 62	0 969	0 562	1 084	...	......	3 235	3 036	6 271
8	......	......	......	0 039	0 023	......			0 062	2 020	2 082
9		......	......							2 000	2 000
10	......	......	......							2 000	2 000
Totaux.	2 450	2 119	5 00	2 325	1 125	7 665		7 406	28 090	29 000	57 090
				3 450							

TABLEAU N° 3

Répartition du travail sur 7″.

1re seconde.	16	kgm 698
2e —	6	050
3e —	7	315
4e —	12	093
5e —	9	164
6e —	2	930
7e —	2	840
TOTAL.	57	090

www.ingramcontent.com/pod-product-compliance
Lightning Source LLC
Chambersburg PA
CBHW050600210326
41521CB00008B/1047